LOCUS

LOCUS

LOCUS

LOCUS

Smile, please

smile 171
如何縮時工作：
一週上班四天，或者一天上班六小時，用更少的時間，做更多的工作，而且做得更好
作者：方洙正（Alex Soojung-Kim Pang）
譯者：鍾玉玨
責任編輯：潘乃慧
封面設計：Bianco Tsai
校對：呂佳真
出版者：大塊文化出版股份有限公司
www.locuspublishing.com
台北市 105022 南京東路四段 25 號 11 樓
讀者服務專線：0800-006689
TEL：(02) 87123898　FAX：(02)87123897
郵撥帳號：18955675
戶名：大塊文化出版股份有限公司
法律顧問：董安丹律師、顧慕堯律師

總經銷：大和書報圖書股份有限公司
地址：新北市新莊區五工五路 2 號
TEL：(02) 89902588　FAX：(02) 22901658

初版一刷：2021 年 2 月
定價：新台幣 400 元
Printed in Taiwan

如何縮時工作

Shorter

Work Better, Smarter, and Less—Here's How

一週上班四天，或者一天上班六小時，
用更少的時間，做更多的工作，而且做得更好

Alex Soojung-Kim Pang 方洙正 著　　鍾玉玨 譯

獻給伊莉莎白與丹尼爾

目錄

序文／009
第1章　架構問題／027
第2章　激發靈感／043
第3章　創意動腦／083
第4章　打造原型／135
第5章　不斷測試／185
第6章　分享出去／249
謝辭／287
附錄：本書研究的公司／291
參考書目／297

如果雇主（地主）能夠聽從理性與人性的聲音，他們應該適度使用而非壓榨他們的勞工。我相信，在各行各業中，工作量適度、以便細水長流待在工作崗位的男子，不僅可以健康到老，也能在當年度完成最大的工作量。

——亞當・斯密（Adam Smith），《國富論》（一七七六年）

財富的整體發展取決於創造可支配的時間。

——卡爾・馬克思（Karl Marx），《政治經濟學批判大綱》（*Grundrisse*）（一八五八年）

序文

加州，杭廷頓海灘，主街

當大衛・羅茲（David Rhoads）第一次聽到有公司將每日工時縮減為五小時，便心想，**我要把這個給我的員工**。

羅茲是藍街資本（Blue Street Capital）的執行長，公司位於加州的杭廷頓海灘，主要業務是為企業資訊系統提供融資。他本人熱愛衝浪：杭廷頓海灘是南加州主要的衝浪小鎮之一，羅茲告訴我，他「有時間就盡可能泡在海裡」。所以當他看到一篇文章，介紹立槳衝浪板線上經銷商高塔立槳衝浪板公司（Tower Paddle Boards）將每日工時縮減為五小時，他深受吸引。

史帝芬・阿斯托（Stephan Aarstol）在二〇一〇年創辦高塔立槳衝浪板公司，因為上了電視實境秀節目《創業鯊魚幫》（*Shark Tank*，又譯創智贏家）而受到矚目，爭取到馬克・庫本（Mark Cuban）注資，自此公司平步青雲，穩定成長。該電商不斷嘗試新科技與營運模式，史帝芬・阿斯托深信，利用科技不僅可以改變員工販售立槳衝浪板的方式，同樣的科技也可以用來改變員工的工作方式。如果他們能專注於最重要的工作，消除令人分心的干擾與噪音，並善用科技將一些例行事務自動化，或是讓一些棘手的工作變得容易些，員工可以大幅提升工作表現，而他也會有更多時間衝浪。

因此在二〇一五年六月，阿斯托和員工達成協議：若你們想得出辦法，能用較少的時間完成一樣的工作量，可以在下午一點下班，而且薪水照舊。他也答應會把淨利的五%拿出來犒賞員工，進一步提高員工的時薪。最後，他改變重心，從增加公司營收轉移到建立公司文化。

結果如何？他們在網站上公告公司所做的變革當天，高塔的銷售額寫下新高，首次突破五萬美元。數天之後，再一次刷新記錄。接下來兩週，又破了記錄三次。到了該月月底左右，高塔的立槳衝浪板營業額累計達一百四十萬美元，整整比上個月的營業額高出六十萬美元。

大衛・羅茲讀到有關高塔立槳公司一日工作五小時的文章時，該公司已實施工時新制近一年。雖然過程並不容易，卻非常成功：該公司是聖地牙哥成長最快的公司之一，客戶認為上班五小時體現了「認真工作、認真玩」的海灘式生活風，公司營收也從五百萬美元成長到七百二十萬美元。

你找不到有哪兩個產品的差異性大於藍街資本（注資高科技公司）與高塔立槳公司（從玻里尼西亞水手那兒得到靈感，設計全新的立槳衝浪設備）。但是大衛・羅茲開始思考是否可在藍街資本實施縮短工作週。他自二〇〇三年開始主持藍街資本，經過兩、三個「殘酷」的季度後，他一直在找辦法改善公司狀況，再次主動攬下挑戰，而非只是被動因應挑戰。他有敬業的員工，但是「如果我們拿掉休息時間、午餐時間，還有消磨我們一整天、不具生產力、沒道理的時間浪費」，也許我們可以把一天的工時壓縮在五小時。他們得想出辦法在縮短工作日期間，持續讓客戶滿意——這些公司依賴藍街資本提供資金，協助他們升級關鍵任務或擴展事業。由於每筆金融交易都不同，藍街資本的員工得花很多時間在電話上與客戶交流，但大衛相信他們想得出辦法。他說：「我們知道電話是公司的生產力利器，但我們也知道，我們要拿回我們一部分的生活。」

業務開發經理亞歷克斯・嘉福德（Alex Gafford）記得大衛在全員會議上宣布工作日縮短為五小時的景象。「我那天筋疲力盡。會議在午餐之後，我很累，至少得在辦公室待到五點，處理電子郵件、電話之類的事情。」

亞歷克斯回憶道：「大衛說：『大家聽好，這場會議結束，大家就可下班回家了。』

我們大家面面相覷，心想，蛤？太意外了。大衛接著說：『大家冷靜點，聽我解釋一下我們要怎麼做，我們會先試行九十天。』」

大衛解釋縮短工時的想法，談到高塔立槳衝浪板公司，解釋為什麼他想嘗試五小時工作日。亞歷克斯記得大衛當時說：「我希望大家和我一樣，過自己想要的生活。我相信你們會跟我一樣成功，或許過得比我還有聲有色。」大衛回答了幾個問題。不會，薪水不會縮水。不會，公司不會倒閉收攤。是的，新制可能會在九十天之後常態化，如果大家的生產力維持一樣的水平，以及客戶不會抱怨的話。亞歷克斯身為公司的業務主管，明白夏季是公司的淡季，適合試辦新制。

亞歷克斯說，在試辦期間，「公司實際上沒有獲得更多指導，我們得自己想辦法解決。」大衛從生產力專家那兒得到建議——避免攬太多事，專注於你覺得最重要的事，迅速、有目的地休息片刻，伸展緊繃的肌肉，讓血液回流，但員工沒有諮詢對象，多半得靠自己想方設法。

不同於高塔立槳衝浪板公司，藍街資本只試辦一季，無法看出營業額的大幅變化，因為藍街資本的銷售週期較長，但是過了三個月，大衛可以衡量五小時工作日對公司關鍵績效指標（ＫＰＩ）的影響——每位銷售員打電話的次數。員工電話打得愈多，表示業績愈好：如果員工希望業績達標，公司希望成長，員工得努力打電話、和客戶保持聯繫、爭取

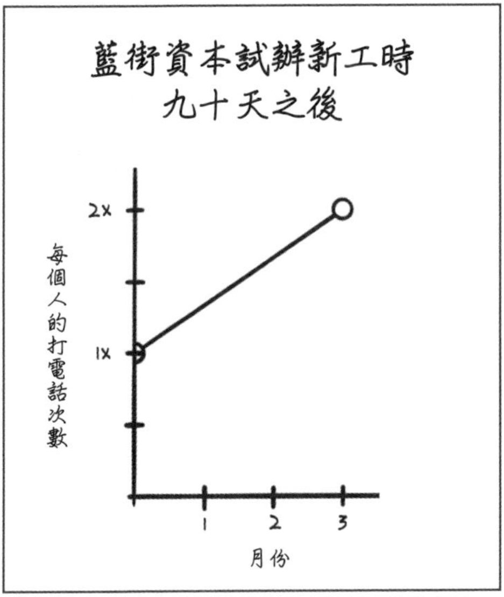

九十天試辦期結束時，藍街資本決定將每天工時從八小時縮短為五小時，但是每位業務員打電話的次數倍增。

新的客戶。結果大衛發現了什麼？

將每週工時縮短八分之三，每人的打電話次數實際上倍增。這是怎麼做到的？亞歷克斯說，並非單靠一件事就提高了員工效能；產能顯著提升係因一系列的小步驟，而非一個大動作。的確有兩、三人辭職，因為多年長時間工作，他們無法改變既定想法，深信每週六十小時是成功的代價，也不喜歡上班期間時時刻刻保持戰戰兢兢。大衛說：「這是整體企業文化出現變革。」

試辦三個月之後，藍街資本在二〇一六年底讓新工時常態化，上班時間為早上八點到下午一點。三年下來，公司營業額年年成長，第一年成長三〇%，第二年成長三〇%，員工人數從九人增加到十七人。

在南加州，幾乎沒有什麼話比「讓我們縮短工時去衝浪吧！」更像道地的在地人會說的話。但縮短工作日能提升產能，讓公司進步嗎？這聽起來相當違反直覺。深夜收到老闆的電子郵件或是客戶臨時的請求時，你想的不會是**我知道怎麼處理——我將在週五休假**。你不會藉著提早下班，證明自己敬業又熱中工作。我們的世界是二十四小時全天與全年無休，全球經濟二十四小時不打烊，競爭激烈不留情。即便你能力夠，能提早完成工作，客戶與老闆仍希望你隨時待命。

在過去幾年，全球各行各業多達數百家的公司，踏上和高塔立槳衝浪板、藍街資本一樣的路徑：縮短工作週，但並未削減工資、降低生產率、犧牲品質、流失客戶。他們解決了生意上立即會碰到的問題，而且交出令人驚豔或是可觀的成績。他們也掀起了一場運動，足以改進我們所有人的工作方式，說不定還能為未來的就業市場創造更光明的未來。

工作究竟出了什麼問題

我們確實需要改善工作。一世紀之前，哲學家羅素（Bertrand Russell）與經濟學家凱恩斯（John Maynard Keynes）主張，到了二〇〇〇年（距他們在世八十年之後，離我們現在已經是二十年前），人類每天只需工作三、四個小時。在羅素與凱恩斯的年代，科技、工會訴求、不斷提高的教育水平、更富裕的生活，降低了每日平均工時，從十四小時減為八小時。他們兩人認為，隨著科技在二十世紀持續升級，生產力可望繼續提高，經濟持續成長，工作時數也會進一步下降。

但羅素也警告，儘管「現代的生產方式可能讓我們所有人都安心與安全」，但是如果產能提升的好處與利益都被工廠老闆、高階主管、投資人瓜分，這些提高產能的作法可能被誤用，「導致有些人工作過度，有些人窮得挨餓。」這描述並非完全與當今世界脫節。在美國，自二次世界大戰以來，工時下降速度緩慢，儘管生產力大幅提升，經濟也顯著成長。在西方，大眾消費導向的經濟不斷成長，提高工資與工時的作法看似更為可取，超越為多數勞工縮短工作週的訴求。經濟成長率在一九七〇年代走緩，工會喪失影響力，企業將工廠外移到海外，工作也外包出去，淘汰終身聘雇制、改雇兼差族，並且動不動就要求員工加班。根據精密複雜模型對未來勞動力需求所做的預測，以及為自由接案人士媒合的線上平台持續成長，可見發達國家的零工經濟（gig economy）規模會加速擴張，工作也會愈來愈充滿不確定性。

管理階層瞭解到，他們可以透過諸多手段拉抬公司的獲利，諸如裁員、開發全球製造鏈與運輸網絡，或是運用「顛覆式創新」，逼得老字號公司從市場消失。一九八〇年代矽

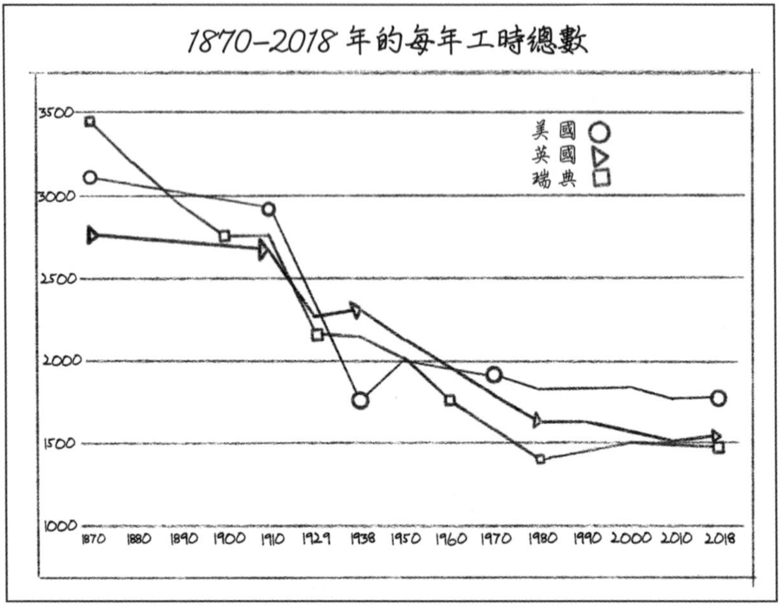

一八七〇至二〇一八年美國、英國、瑞典的工時圖。在一八七〇至一九三〇年期間，工時顯著下降，因此羅素與凱恩斯據此認為，工時在二〇〇〇年左右可能進一步大幅下滑，低到每年只有一千小時。然而，從一九七〇年代以來，工時下滑趨勢相對穩定或僅微幅下降。

谷崛起，隨之而來的是新形態的工作與成功模式，標榜超長工時，歌頌工作狂是英雄，把過勞美化成榮耀。結果，我們生活在被時間追著跑的世界，有些人超時工作為的是累積財富，其他人超時工作則是為了生存，不得不如此。

但是這種工作方式對個人、公司、經濟體而言，都要付出昂貴代價。超時工作與身心俱疲的代價不菲，包括喪失賺錢的潛力、幸福感、創意。過勞族羅患慢性病與憂鬱症的比例偏高。史丹佛大學商學院教授傑夫瑞・菲佛（Jeffrey

工作愈來愈充滿不確定性

勞工受雇於臨時工、零工經濟、零時合約的比例

美國	36
英國	10
日本	17
南韓	2

勞工受雇於臨時工、零工經濟、零時合約的比例在美國大幅成長，其他先進經濟體也緊隨在後。

Pfeffer）最近指出，設計不良的工作場所對健康造成的傷害之大，與抽菸不相上下。

過勞其實對企業弊多於利。過勞或身心俱疲的員工的生產力，其實低於充分休息的員工。過勞員工較不投入，較可能離職，甚至可能違反職業道德，或是剽竊公司商機。一些前途看好的職涯，若中途有人離職，找人取代很花錢，尤以法律界與醫藥界最明顯，但這兩種行業，工時長、標準高、工作壓力大是常態。員工疲累請病假或是生產力下降，在全球每年造成的損失粗估是三千億美元。

即便在有些國家，明目張膽或公然的職場歧視早在數十年前就已消失，超長工時依然讓女性不易招架老闆、工作、家庭的種種要求，也不易在婚育後繼續工作。儘管公司的政策已改進產假，推出彈性上下班的選項，加上各種教女性挺身前進、有效管理時間的倡議，但是平衡工作／生活的解藥依舊遙遙無期。在美國，

過勞是全球的現象

平均每週工作總時數超過50小時的勞工占比

土耳其	32.6
南韓	25.2
日本	17.9
英國	12.2
美國	11.1
經濟合作暨發展組織成員國平均值	11.0
瑞典	1.1
瑞士	0.4

過勞在許多已開發國家是常態。

從一九七〇年代至九〇年代後期，已育婦女大量湧入勞動市場，但是過去二十年，已育婦女投入職場的比例停滯不前，顯示友善家庭政策的功效不大，低於政策制定者與多數用戶的預期。

在美國、英國、日本，養育幼兒的全職女性，勞動參與率會下降，而且數年後才會重回職場；即便返回職場恢復全職工作，薪水也常低於男性（也低於須撫養子女的在職父親），而且終身收入都低於男性。婚育女性改以兼差或選擇彈性上下班，但兼顧工作與家庭的雙重壓力對其健康造成重大影響：最近一項研究比較了壓力相關的生物標記（與一般市調相比，這項研究提供更客觀的壓力量表），結果發現，婚育女性兼差

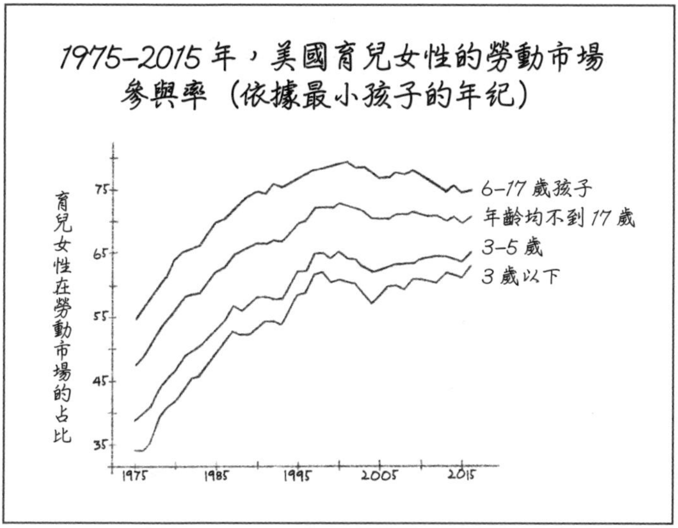

一九七五至二〇一五年，美國育兒女性的勞動市場參與率（依據最小孩子的年紀）。一九九〇年代，參與率穩定成長，但在過去二十年，幾乎停滯不前，甚至偶爾下降。

或選擇彈性上班，實際上承受的壓力高於全職婚育女性。

我們歌頌過勞的工作形態，也衍生諸多問題，包括不易招募到合適的人、難以留人、破壞工作／生活的平衡、打亂職涯與收入的穩定性、身心俱疲。頭痛醫頭、腳痛醫腳的解決方式，也許能解決其中一個問題，但其餘問題仍然無解。的確，有些改善勞工健康及彈性工時的計畫成效有限，加上經濟與技術因素只是加重了過勞現象，結果歌頌過勞的聲音有增無減，而今過勞已是壓倒性地普遍存在，讓大家覺得長工時無可避免且理所當然。

同時，最富與最貧之間的差距愈來愈大，讓大家普遍有個感覺，現代經濟

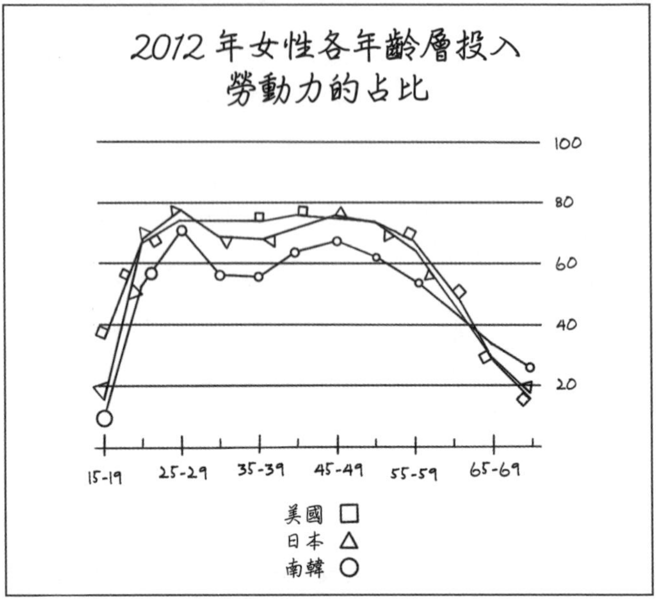

女性就業的「M曲線」。在許多國家，女性在勞動力的占比穩步攀升，直到成家；在這個階段，參與率下降且在低檔持續一段時間。M曲線的弧度因國家而異：如上圖所示，美國的M曲線比南韓來得扁平。

富的是菁英，而非為普羅大眾創造財富，影響所及，助長了民粹主義，點燃不滿情緒，也對政治與經濟體制失去信任。人工智慧的到來近在眼前，機器人、各種新技術紛紛出爐，恐進一步擴大貧富差距、取代工作、淘汰產業、掏空全球數十億人口的未來。

工作需要的不是修補而是重建

因此，對許多人和許多產業而言，工作已不是解方。今日的經濟足以推出了不起、但禁不起時間考驗的事物，工作上要求員工付出時間與忠心，卻捨不得提供保障，而且吝於分享高生產力創造的好處，懶得用新技術改善大家的生活。員工被困在現在與未來的夾縫之中：一邊是不平衡、短視近利的當下；一邊是充滿不確定性、崩解、不平等的未來。小規模的解決方案不足以解決這些問題，我們需要大開大闔、全方位的路線，才能解決當今的問題，同時提供建造更美好未來的具體作法。

冒著聽起來像是網路廣告，承諾「一個奇招」就可讓你變瘦、變有錢的風險，縮短工作週（週休三日）確實可為以下諸多問題提供解藥，包括過勞文化、性別不平等、經濟收益分配不均、因為疲憊以及過早結束職涯造成的巨大間接成本。我花了一年時間，參訪並研究實施縮短工時的公司，發現週休三日、工作日上班時間縮短為六小時或五小時，或是其他不同版本的縮短工作週（本書裡你會看到滿多版本），有助於這些公司提升專注力與生產力，也有利於招聘員工、降低流動率。縮短工時可鼓勵服務業員工更敬業，創意界員工更有想像力，廚師與服務員更有活力，銷售員更專注。縮短工時可提高生產力的增幅，善用的是連最有錢的人也買不到的商品——時間。縮短工時有助於消除隱藏的障礙，諸如將女性逼出職場、把認真進取的專家累壞、小看有才員工等無形障礙。縮短工時可以幫助員工兼顧工作與家庭，既能做優秀的員工，也能當稱職的父母。

我在宣傳上一本書《用心休息》（*Rest: Why You Get More Done When You Work Less*）期間，

深信我們必須在工作上做這類的系統性變革。我於該書指出，史上最具創意也最多產的人（包括諾貝爾獎得主、作家、畫家、作曲家）生產世上一流作品所需的時間，遠少於你的想像。這些人每天高強度工作四至五小時，而非消磨一整天。在桌前聚精會神，離開辦公桌或書桌後，則會出外散步、運動或投入其他活動。這麼做乍看在浪費時間，但最近有關神經科學與創意心理學的研究顯示，我們轉移注意力從事別的活動時，大腦仍在持續思考問題。若能在高強度工作後，安排休息時段、重新充電，也讓潛意識層繼續尋找答案與解藥，彌補清醒時想破腦袋也找不到的辦法。因此，休息並非工作的競爭對手，而是工作的合作夥伴。

我上廣播電台叩應節目及推播平台宣傳《用心休息》，也參加了讀書會與小型演講，鮮少有人挑戰我們應該增加休息時間的想法。我幾乎次次都被問到：「如果我現在做的是朝九晚五的工作，我該如何說服老闆休息很重要？」或是「有沒有一些訣竅或撇步能協助在職媽媽多一些時間休息？」

當然我有答案。科學研究清楚顯示，過勞適得其反，不僅給公司、也會給員工製造壓力，影響生產力，導致身心俱疲。聰明的主管清楚知道讓員工準時下班的重要性，應該讓他們享受沒有電郵打擾的夜晚，在放假日好好度假。員工應該索回掌控自己時間的權力；這並不容易，但回報會是物超所值。

不過說實話，我從未對上述答案感到滿意。我們多數人所處的工作環境，不允許我們對每日的時間表有太多掌控權。有些人所在的專業領域，過勞是常態。對於習慣用獎金與福利鼓勵員工加班或賣命的管理階層與實業家而言，休息彷彿會拖累生產力。我還是認為，重要的是讓大家看到，他們其實可以對自己的時間握有更多的掌控權。但是我們必須承認，對自我時間的掌控受限於社會期待、上司與公司的要求，以及整體經濟。用個人的辦法解決工作／生活失衡的問題，至今只能走到這樣的程度。換言之，我當初應該對廣播電台的叩應者說：「在職母親無需訣竅或撇步。她們需要的是另一種工作環境或職涯形式，不會期待她們仍像沒有孩子似的全心工作，或是像沒有工作似的全心照顧孩子，不會要求她們兼顧工作與家庭，更不會認為，如果她們達不到這些說不清又無人能及的標準，就是她們的錯。她們已經聽了太多建言，而今她們需要的是結構性改變。」

所以，當我獲悉一些公司將《用心休息》的精髓付諸實踐時，非常雀躍。有些公司擁抱週休三日或是將每日工時降為六小時，工時縮減了二〇%或二五%，但是給員工的薪資照舊，生產力與獲利也未縮水。這些公司包括東京與紐約的軟體公司、倫敦與格拉斯哥的廣告代理商、諾維奇（Norwich）與聖地牙哥的金融服務公司、墨爾本與洛杉磯的有機化妝品公司，甚至哥本哈根與帕羅阿托的米其林星級餐廳。這些公司的負責人滿懷抱負與企圖心，自認有能力修正所在產業千瘡百孔的問題。他們當然會擔心新制損及生產力，讓公司無法如期交件，讓客戶與消費者失望，讓員工與投資人心生疑慮。儘管產業有別，他們找到了類似的方式，成功因應減工時不減工作量的挑戰。他們每個人都看到了類似的成效：生產力與營收都提高、開心的客戶、更容易聘人與留人。縮短工作週成為許多公司的重要標記之一；在這樣的世界，每個人無不年輕、好鬥、饑渴，提早在週四完成工作，顯示這些公司比競爭對手更有效率。

身為一名未來學研究者，我所受的訓練是尋找「微弱訊號」，正在進行的奇怪事件也許是未來社會和經濟巨大變革的前緣。在我看來，這些公司猶如微弱訊號。它們年輕、規模小、分散在各行各業，卻遍及全球，儘管彼此不認識，走的卻是相同的路徑。他們是更大型運動的一環，只是還沒有人意識到這一點。

縮時工作引領未來職場生態

本書的用意是介紹你認識減時不減薪的運動，而你也可以加入成為其中一分子。透過本書，你會認識多位領導者，他們是如何引領公司員工踏上週休三日之旅。你會看見他們如何推動這項工程：如何計畫與設計試辦期，如何重新設計工作日以便提升專注力與效率，如何改變公司文化與作業流程，如何讓同樣的工作量從五天縮短到四天內完成，以及如何說服客戶與消費者和他們同行。你會學到他們是如何召開有效率的會議，周延地使用科技，支持創新的心態，以便成功縮短工作週。你也會看到週休三日帶給企業、員工與客戶的好處，讓公司提高生產力，讓員工提高創意，讓職涯維持更久，也讓客戶更開心滿意。你會發現為何許多公司成功縮短工作週，有些卻以失敗收場。最後你會學到如何把工作與時間視為物品，善用工具重新設計，一如尖端公司使用類似的工具，打造世界一流的產品與服務。重新設計的工作與時間會提升我們的表現，讓工作環境更舒心、公司更有前景、工作前景更光明。

縮短上班時間有違我們對工作與成就的一切直覺，也悖離各行各業的常規，還必須無視社會的期待，但是這的確可行。縮短工作週可以幫助公司改善營運，鼓勵領導人與員工發展新技能，強化專注力與協作能力，延長這份工作的可續力，改善工作與生活的平衡，甚至可以減低對環境的破壞，減少車流與壅塞，讓大家更健康。

今天的世界永不關機、全球連線、二十四小時全天與全年無休，所以大家覺得過勞在所難免，也無可避免。但是接下來，本書介紹的公司會向你證明，實情並非如此，你大可重新設計公司的作業方式，而且不妨立刻行動。

就讓我們開始動手吧。

第1章 架構問題

南韓，首爾，素月路

「也許因為我有設計背景，抑或是我個人習慣使然，但我真的喜歡找出模式，加以翻轉顛覆或小修微調，繼而思考為什麼事情會這樣。」南韓行動應用程式開發商「優雅兄弟」（Woowa Brothers）的執行長金逢進（Bong-Jin Kim）這麼說道。我和他相約在首爾的日式餐廳，兩人交談時，一道道精緻的懷石料理行雲流水地上桌。前幾晚，我穿梭在首爾大街小巷充滿活力的路邊攤，因為是冬天，不時得逼自己忌口，力抗露天炭火烤網上燒烤肉串的誘惑。今天換到了千禧希爾頓飯店一間日式餐廳的榻榻米包廂，我滿開心的；加上四周安靜，我可以輕鬆聽到兩位隨行口譯員的說話聲。

南韓不太可能試行縮短工時。一九五三年，朝鮮半島經歷數十年的日本殖民統治、二次大戰和韓戰的蹂躪，南韓淪為全球最窮的國家之一。近七十年之後，南韓經濟成長了驚人的**三．一萬倍**，成為全球年GDP逾一兆美元的十五國之一。高科技大廠如現代、三星、LG等功不可沒，協助將南韓這個資源匱乏、地勢崎嶇的小國轉型成為全球經濟與文化的強國。但這要付出代價：南韓人全年的工時是全球數一數二的高（僅低於墨西哥人）；當今自殺率是一九九〇年的三倍。韓語中出現gwarosa一詞，亦即「過勞死」。

儘管這段歷史（也可能正因為這段歷史），南韓多家公司開始試行縮短工時的辦法。二〇一八年，為了減緩長時間工作導致的壓力，南韓政府通過立法，限制每週工時不得超過四十八小時。企業為了留住員工並順利徵才，試辦一週工作四天，一天工作十小時的選項。有些公司更進一步，落實一週工作四天（或一週工作三十五小時）。而優雅兄弟可能是最為人稱道的企業之一。

金逢進是南韓數一數二知名的科技新創實業家，堪稱南韓O2O明星。O2O原文是online-to-offline commerce，也就是「線上對應線下實體的電商模式」。南韓企業界老闆一向不多話，喜怒也不形於色，而金逢進則是異數，眉飛色舞、表情豐富。過了「多事之秋的青春期」之後（根據某本傳記委婉的說法），金逢進進入首爾藝術大學主修室內設計，然後繼續深造，在國民大學設計研究所取得字體排印學（typography）碩士學位。他曾開過家具製造廠，沒多久就收攤。之後進入南韓耐吉與現代信用卡公司（Hyundai Card），擔任網頁設計師與藝術總監。二〇一〇年與人共同創辦優雅兄弟。優雅兄弟推出的餐點外送 app「外送民族」（Baedal Minjok），是南韓第一個下載量破一千萬次的手機 app，現在已成南韓版的 DoorDash（美國餐飲外送 app）與 Deliveroo（戶戶送，倫敦外送 app）。優雅兄弟剛起步時，吸引南韓的創投公司與外資注資。二〇一五年，優雅兄弟從不成氣候的新創公司一路茁壯，如今擁有五百名員工，被《財星》（*Fortune*）列為南韓五十個最佳工作場所之一，連帶金逢進也榮登南韓頂尖執行長之列。

但是金逢進做了讓大家跌破眼鏡的事：他決定縮短員工的工作時數。南韓勞工的工時在全球是排名數一數二的長，優雅兄弟員工也不例外。但金逢進在二〇一五年落實一週工作三十七．五小時，然後在二〇一七年三月進一步縮減至一週工作三十五小時，工資維持原狀，分文未減。他二〇一九年接受彭博社記者訪問時說：「員工並未因為這項新政策而鬆懈偷懶。我的目標是打造一個讓大家更專心的工作環境。我們應該不停思考如何改變工作方式，從而改變生活方式。」

我請金逢進說說他為何決定縮短優雅兄弟一週的工作日。這家公司早期幾年的發展和任何一家幸運的新創公司一樣：成長快速、燒錢、夜夜通宵。但是最後，「我明白，花更多時間在工作，不見得能提高產能，」他回憶道：「像這樣的資訊科技公司，強調創意，增加工作時數不太有用。」就邏輯上來說，如果「時間與產能之間的連結模糊不清，公司不該一味延長員工的工時到最大值，而是應該想想如何「提升員工的工作效率，提醒大家多想想，我們是什麼樣的人，以及我們做的是什麼樣的工作」。

金逢進又說：「我好奇的是，為什麼大家把一週工作四十小時視為理所當然？」他發現，歐洲在十九世紀末率先通過世上第一條勞動法，規定一週工時四十小時，這是經歷數十年的勞工運動與政治協商獲致的結果。但他想知道，「為什麼是四十小時，而非四十五或三十五小時？」自十九世紀以來，「八小時工作、八小時休息、八小時自由運用」，一直是工會的口號與訴求，他想知道為什麼今日的工時不能改變？是什麼阻止優雅兄弟落實不同的工作時數？

我問他，優雅兄弟的投資人沒有反彈嗎？金逢進說，沒有，因為「我先斬後奏，直接把這項決定貼在臉書上，那是投資人收到的第一個公告」。作為有魅力的創辦人與執行長，他是可以這樣做而不受譴責。他補充說，所幸「他們按了讚」。

投資人對這決定應該是樂在心裡，畢竟從二〇一五年縮減工時以來，優雅兄弟的年營收成長率高達七〇至九〇％。二〇一九年七月左右，用戶人數從三百萬激增到一千一百萬，每月外送接單數從五百萬飆升至三千五百萬。

二〇一九年，優雅兄弟市值達二十六億美元，躋身全球市值突破十億美元的科技「獨角獸」俱樂部。公司搬進新的辦公大樓，可以俯瞰首爾的奧林匹克公園，員工人數也超過

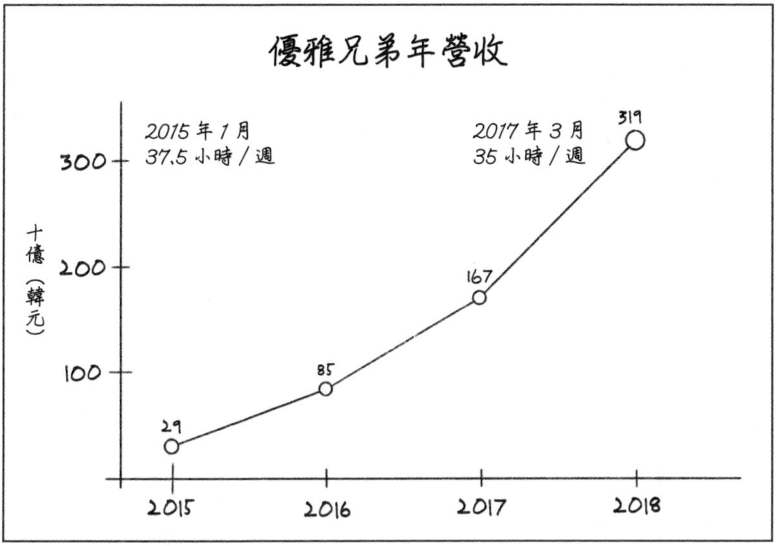

優雅兄弟年營收（2015-2018）。

一千人。過去五年來，優雅兄弟的規模是起步時的三倍，員工人數從四百人驟增至一千三百人，但徵人時篩選得更厲害，公司實力已能和三星、LG等財閥並駕齊驅。優雅兄弟一週的工作序幕從週一下午才開始，但這並未減緩公司的創新步伐：它與科技大廠合作開發外送無人機與機器人、人工智慧、對話介面；也推出新型服務，協助傳統小商家上網賣東西。它異想天開、古里古怪的應用程式不僅有趣，也容易操作，是南韓企業中擁抱優良設計的模範生。

其他一些O2O新創公司跟進縮短一週工時，也有不錯的成績，可見決定縮短工時對這些公司是利多於弊。不過我覺得還是需要進一步瞭解金逢進的想法，究竟是什麼原因讓他發現縮短工時是個機會？

何謂設計思考

他說：「多數公司會看其他公司在做什麼，然後跟進，走一樣的路。但是如果其他人都這麼做，那我們公司也許應該另闢蹊徑。」他把這種思維歸功於他在設計領域受過的訓練。設計領域教導他深挖問題，提問挑戰傳統思維，仔細觀察我們通常視為理所當然的事物與現象。的確，金逢進從未擺脫自己是設計師的身分。他有次告訴記者說：「大家叫我執行長，但我依舊是個設計師，時至今日我仍繼續設計東西。」

金逢進所受的設計訓練，提供的不是重新思索每天工時該多長的模糊靈感，也不是簡單地重新安排時間表或縮短正常工時而已。他說：「大家習慣性地認為，設計用的是右腦，比較情緒化，其實設計非常講究邏輯。」直覺與感覺固然重要，但是得建立在左腦奠定的基礎上。所以當金逢進等人計畫減少工時，「我和我的董事們花了很多時間思考我們是一家什麼樣的公司，我們身為一家企業，應該做些什麼、如何改造市場，以及其他諸如此類的問題。」但是他們不只是專注於形而上的討論和預測，他們會問一些根本而基礎的問題，一如你開始重新思考某件產品或重新設計某種服務時會問的基本問題。

金逢進不是唯一以這種方式討論縮短工時的執行長。我訪問了許多公司，多位領導人都提及要打造縮短工時的「原型」（prototype），由員工齊力想出同事間的合作新模式。

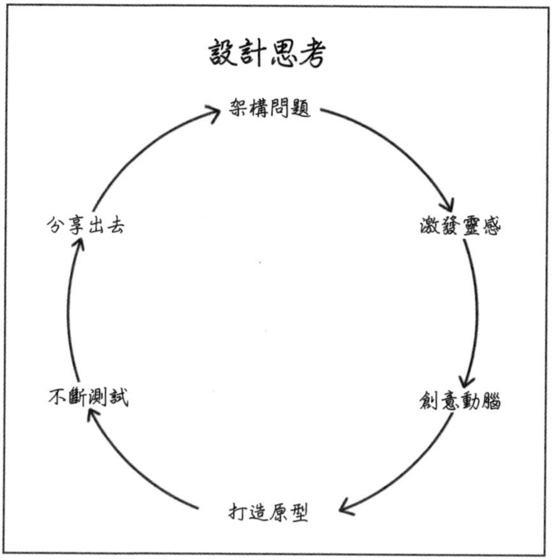

設計思考流程。

公司不停試行新的作法、評估成效，利用汲取的回饋與心得改善缺失。

我發現，不管是高調還是默默進行，所有我拜訪的公司皆不約而同想辦法縮短工時，把這個過程視為精進設計思考的一種練習。

設計思考起源於一九七〇與八〇年代的矽谷，當時花心思設計第一代個人電腦的工業設計師努力將尖端、但難以操作的技術（如個人電腦、滑鼠、雷射印表機等）華麗轉身，變成每個人都能操作的產品。對習慣駕馭艱澀技術的工程師而言，複雜艱澀代表權力而非問題，但多數使用者可不想為了有效管理庫存或寫學期報告而成為電腦專家。

一些工業設計師發現，若要普及電腦

技術，必須先瞭解使用者的工作性質與工作方式，進而開發出適合他們需求的產品。工業設計師需要找到一種方法，既有技術質量，又能提升他們的觀察力與洞悉力，還能整合不同領域的專業，包括工程學、心理學、材料科學，乃至人類學。不過設計思考也需要提供一套可行的實踐方式，才能滿足在快速變遷環境下雄心勃勃的客戶（史蒂夫・賈伯斯是率先支持設計思考的先驅，也是最挑剔的客戶之一）。多年下來，設計思考已有一套制式的流程。根據IDEOU（設計思考工作室IDEO的線上學校）開發的版本，設計思考可拆解成六個步驟。

- **架構問題**（frame）。這個步驟要求你思考真正需要解決的問題，並找出解決問題的辦法。對公司來說，這是重要的階段，因為可以擴大公司的思考層面，設計出更好的產品。一開始你可能會問：「我們可以如何升級這個產品？畢竟它曾是公司的大搖錢樹。」但你思考後會發現，眼前有更好的機會——比如說，可以用這產品作為平台，提供永續（且獲利更高）的服務。
- **激發靈感**（inspire）。這個步驟是進一步瞭解用戶的需求。依據公司的性質，你可能得分析量化數據或市調結果，認真聆聽焦點團體（focus groups）使用產品後的意見回饋，或是派遣研究員到客戶的辦公室、醫院的虛擬手術室，觀看大家如何使用公司的產品。這個階段往往可以發現未被滿足的需求，或是透過用戶使用產品時、發揮創意做了什麼調適與調整，為你的設計提供更多資訊。

- **創意動腦**（ideate）。在這個階段，善用觀察到的資訊，針對產品或設計構思各種點子，通常會進行腦力激盪，在牆上貼滿便箋與紙條、規格表、概略的草圖或原型。
- **打造原型**（prototpye）。是打造成品的時候了！打造原型是設計思考的重要實作，因為結合了學科的智慧及實作練習，而非只是動手做出工藝品那麼簡單。打造原型，有助於找出設計出了哪些技術性問題，確認想法與實際之間的落差，認清原先想法酷是酷，但不切實際。將原型製作出來，也可以趕在成品上市前，加以改進。不過，原型之所以重要的另一個原因是測試你的想法是否可行，因此你必須做出模型，讓用戶實際使用並回饋意見，你再仔細觀察用戶與原型之間的互動。人是複雜的，世界往往一團亂，也無法預測，大部分的工作比我們想像的來得複雜，要體會並理解這樣的複雜性（抽絲剝繭，找出的確需要注意哪些部分、哪些則可忽略），最佳的方式就是做出原型或半成品。
- **不斷測試**（test）。在這個階段，你把半成品的原型交給用戶試用，看看他們對這個產品的印象，瞭解他們喜歡哪些地方，以及不習慣之處。這時，抽象想法開始和現實磨合。測試階段可讓你看清問題，讓你覺得振奮或受到啟發。而你最喜歡、覺得最炫的功能可能慘遭負評。一時興起加入的功能，說不定出乎意料地實用。粗糙的原型也許能讓你一窺從未見過的想法或用戶行為。

- **分享出去（share）**。這是最後一個階段，分享你的工作成果：當然包括產品本身，但也涵蓋背後的故事。聽起來像是事後錦上添花，但故事可協助架構用戶對該產品的想法及使用方式。別忘了，故事本身也是吸引消費者的強大媒介（想想現在多少包裝上多了產品的故事，印著催生產品或公司誕生的初衷）。對其他設計師或同事而言，故事可以作為借鏡，讓他們看見手邊工作的問題所在，並指引一條路，協助他們找到更好的解決方案。

我將六個步驟拆開來在各章一一闡述，但實際上，設計師會在這些階段來回移動。在測試階段，使用者會提供意見回饋，提供打造新原型的靈感。而使用者試用新的原型後，會提供更多意見回饋，這些意見回過頭有可能改變設計大綱，然後又是另一個原型出爐。所以一開始看似一個圓，但更像中世紀的太陽系模型，大圓裡有許多小圓圈的本輪（epicycles）。

一如其他任何一個專業領域的實作，各個工作室與設計師對這套流程皆有自己的看法。但是他們一致同意同理心的重要性，看重使用者，透過打造原型探索可行的想法，從

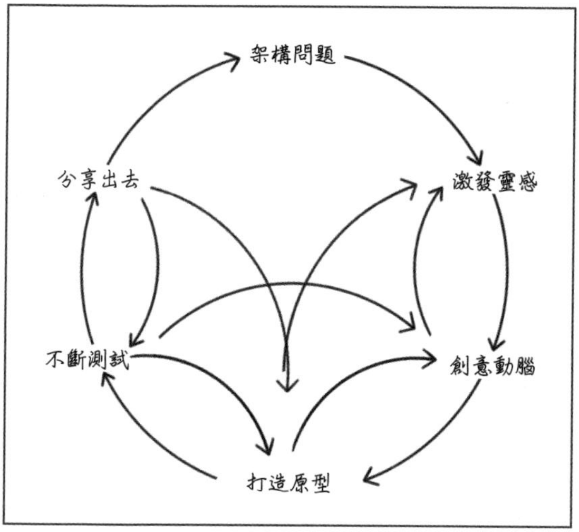

設計思考流程強調做中學的精神。多數個案中，各階段之間會有大量意見回饋，畢竟思考活動、打造原型、用戶試用等階段，都會交互影響。

經驗中學習，整合各種反饋意見。不管你如何組織這套流程，設計思考的流程始終是「開放結局、開放心胸、反覆檢驗」，一如提姆・布朗（Tim Brown）在其著作《設計思考改造世界》（*Change by Design*）所言。

設計思考催生了世上大家最熟悉的幾樣產品。蘋果的電腦滑鼠出自一組年輕團隊，這些人後來成立了ＩＤＥＯ，是目前全球最重要、最具影響力的設計工作室。ＩＤＥＯ設計的產品包括PalmPilot（掌上電腦）、Swiffer（乾濕兩用拖把）、腳煞自行車等。而今設計思考的應用範圍已經超越實體層次。優雅兄弟公關副總柳振（Jin Ryu，音譯）說：「在南韓，我們有個詞，叫『設計管理』（design management），是韓式英語『design gyeong-yeong（design 經營）』。」金逢進說：「這意味將設計思考應用在管理上。你可以設計具體的東西，但你也可以設計人的行為模式。設計師可以把管理當成工具，形塑人的行為。」（如果你認為南韓公司非常重視設計，賓果，你猜對了。）未來趨勢專家利用設計思考，協助客戶應用嶄新的方式看見浮出的問題與機會。銀行、航空公司、政府，應用設計思考提高服務的效能。我兒子的高中也是從設計思考的觀點來制定課程。舒緩照護醫師使用設計思考協助病患思考壽終問題。

誠如企業紛紛利用設計思考縮短工作時數，你也可以利用設計思考重新安排時間。設計師利用這招製作商品，你也可以把這套方法，用於思考會議、時間表、工作流程，只不過乍看之下，設計思考對你的用處可能沒那麼明顯。一如金錢或愛情，時間是大家都想累積與積攢的東西，通常有了還希望得到更多，可惜大都超出我們的掌控（現在更是如此）。改成每週工作四天或一天六小時的企業，不僅是簡單地在日程表上刪掉一些項目，要求人資規畫新課程，或是對員工喊話「要巧幹而非蠻幹」，而是更全面地看待這個問題。

應用設計思考、重新設計工作日的想法貫穿這本書，包括揭露我們對工作方式的隱藏性假設，如何淘汰這些假設，改用我們自選的原則，更清楚思考我們的工作方式中哪些才是重點，並設計實驗、打造原型，協助我們提升工作日的成效與心情。此外，還要發揮創意動腦改善工作方式。這些都是本書一再出現的重點。我們參訪重新設計工作週的公司，聽取帶頭改變的領導人現身說法，追蹤實踐這些變革的員工。我們應用設計思考幫助我們看見某些選擇的內在邏輯，找出一些具體個案透露的原理。分析這些個案與故事，目的不是找出可以複製誰。根據金逢進的說法，這不是為了「看其他公司做了什麼，然後照本宣科，走同樣的路」，而是刺激思考力，想想「我們是什麼樣的公司」、「我們做的是什麼樣的工作」。

在我研究的公司裡，經常看到設計思考的精神，於是我使用了六階段模型來組織本書的架構，儘管本書稍微改造了原始精神。我們已經開始「架構」縮短工時這個大問題，並深入探索我們往往視為各自獨立的課題（取得生活／工作之間的平衡、身心倦怠、職涯規畫、差別待遇、高科技職場的未來），實際上，這些問題可以用更全面的視角來剖析與管理。在「激發靈感」階段，大家暢所欲言，討論是什麼原因激勵了領導人展開縮短工時的冒險之旅，以及這股風潮在哪些公司與產業起飛。「創意動腦」解釋公司是如何開始縮短一週的工時：人們對縮短工時的想法有何反應？公司採取哪些措施，為縮短工時的實驗預做準備？公司如何處理不確定性及潛在的種種問題？「打造原型」階段是公司重新設計工作日之後採取的實際作法：這些作法是如何改變每天的例行工作、會議、文化常規；如何善用技術；員工如何學習以新穎的方式管理與合作。「測試」階段是展示結果：縮短工時如何影響徵人、留才、產能、收益；如何衝擊創意與工作／生活的平衡；客戶與消費者有何反應。最後，「分享」階段解釋了縮短工作週可能如何改變工作的未來，如何協助我們因應有增無減的壓力與身心透支，如何想出新的辦法解決自動化與人工智慧衍生的問題，甚至可以如何協助對抗不平等與氣候變遷。

使用設計思考作為架構，也可以幫助我們專注於「我可以怎麼落實這件事（縮短工時）？」我不想探討縮短工時的個案時，給大家看到的僅是抽象或有佛心（道德感）的個案。其他人，包括歷史學家羅格・布雷格曼（Rutger Bregman）與倫敦「新經濟學基金會」，已經提出那樣的論點。我則希望提供實際案例，讓大家看看企業怎麼落實縮短工時，也讓你瞭解自己可以怎麼在自家公司重新設計（規畫）每天的工作時數。如果你是公司主管或老闆，本書會列出步驟，讓你循序落實每週工作日減為四天或每天工作時數減為六小時的制度，包括如何設計試用期；如何說服客戶與投資人接受新作法；如何讓員工同意配合；如何重新設計會議、科技、工作日的安排，以便更專注、更有效率、提高生產力；如何衡量結果。如果你是試行縮短工時新制企業的員工，本書會協助你適應過渡期，指出新制的陷阱、點出它的機會、列舉落實縮短工時後的種種好處。如果你希望說服主管，縮短一週的工作天數有利於你的團隊或部門，本書會協助你提供充分的理由。此外，即便你是自雇人士，本書也可以幫助你找到更有效、永續經營下去的工作方式。

在架構問題的階段……

加州藍街資本、高塔立槳衝浪板公司、優雅兄弟等公司的經驗，可能會讓你感覺縮短每週工作日數值得深入研究。三家公司的經驗尤其凸顯了兩件事：

- 當今的公司與領導人面臨各式各樣的挑戰時，通常透過東拼西湊的政策或既定的作法因應：擴大對外招募延攬新人才；實施育嬰假／陪產假，讓員工平衡工作與生活；開設正念課程與運動課程，幫員工紓壓；為了留住人才以及提升產能，允許員工彈性上班。許多領導人明白，這些勞工問題並非獨立個案，而是彼此糾結的系統性問題，唯有更全面地剖析與因應，才能想出更好、更穩定的解決方案。
- 設計思考提供實用的觀點剖析這些問題，思考問題的深層原因，然後擬議新穎的解決方案，不用擔心招架不住這些治絲益棼的問題。設計思考開拓你的視野，因為它讓你學會環視公司上下，以廣泛的角度看待問題，有條不紊地挑戰傳統，探索其他的可能選項；設計思考也提供一套流程，讓你有更深入的見解，進而付諸行動。就領導人而言，他們需要空間進行戰略性思考，因為要做的決策太多，面臨身心俱疲的風險，也疲於一而再、再而三地處理同樣的問題。此時，設計思考提供了更有效率的作法，協助領導人遊刃有餘地管理複雜的問題，提高個人與組織的發展永續性。

每個人都希望有更多的時間，但是對多數組織來說，把時間還給員工是零和遊戲：要嘛員工同意減薪，要嘛公司得多花錢。如果採用設計思考解決這個問題，重新設計工作日，是有可能減少員工的工時，又不會讓公司損失客戶或金錢。

準備接受啟發了嗎？

第2章　激發靈感

在設計思考的激發靈感階段，你撒下一張大網，一方面希望能化繁為簡、精準抓住問題，同時希望能和廣泛的想法與不同的學科領域保持連結。若你正在苦思怎麼設計醫院的住院病房，你會與醫師、護理師、病患、病患家屬討論病房的空間、住院流程、民眾到醫院時的擔憂與不安。你可能也會花些時間視察機場的安檢區、百貨公司、教堂，看看不同的空間設計如何兼顧安全性，有效分流人群，傳達同理心，讓顧客安心。

本章裡，激發靈感的實例來自於已經落實一週工作四天、一天工作六小時或是其他縮短工時方案的公司。

蘇格蘭，愛丁堡，聖雷歐納德街

史都華・雷斯頓（Stuart Ralston）對我說：「從我很小的時候，大概十六歲吧，我就每週工作五十小時。」我到他與妻子克莉絲多・高夫（Krystal Goff）開設的餐廳 Aizle 採訪他，時間大概是十點、快十一點，我們選了吧台對面一張精緻的餐桌坐著，餐廳安安靜靜，工作人員陸續進來準備上班。Aizle 二〇一四年開業以來，已成為愛丁堡家喻戶曉的餐廳之一，而且二〇一八年開始落實一週工作四天，反而愈來愈好。我想知道史都華為什麼做了縮短工時的決定，以及 Aizle 如何在少做一天生意的情況下，還能夠持盈保泰，未被淘汰。

和其他許多廚師一樣，史都華十多歲時也是從洗碗開始。他平步青雲，在蘇格蘭與英格蘭的餐廳不斷晉升，繼而被名廚高登・拉姆齊（Gordon Ramsay）慧眼識英雄，延攬到他在紐約的餐廳工作。史都華在那兒學了很多，可是工時長得離譜：他「從早上七點開始工作，直到凌晨一、二點才收工，一週工作六天，別人休假他得代班，而且一旦有人出門度假，你得一連工作十天無休」。史都華的父母與哥哥都是廚師，他在紐約雖然被操得筋疲力盡，卻讓他很自豪。很少人有機會在米其林星級餐廳工作，能夠忍受廚房熱氣的人更是少之又少。能過關斬將倖存下來，表示你已是這行業的菁英。

史都華在紐約為拉姆齊工作了兩年後，成為紐約精髓俱樂部（CORE:Club）的行政總主廚，然後陸續在英格蘭與巴貝多度假村的廚房擔任小組主廚（chef de partie）。但他一直想自己開業當老闆，最後終於如願以償，和克莉絲多返回愛丁堡，在紐因頓區（Newington）的聖雷歐納德街（St. Leonard's St.）開了一間餐廳。他說：「餐廳開幕後的頭七週，我沒休一天假。簡直瘋了，我不知一連多少天，每天從早上八點一直工作到半夜十二點。我不知道要具備什麼條件才能一邊當主廚，同時做好企業老闆的角色。」

史都華專注於當令食材，提供固定價格的套餐，發揮奇才搭配食材與不同的料理，做出別出心裁的組合，贏得美食評論家的好評，並迅速在顧客之間打出口碑。旅遊網站TripAdvisor的愛丁堡餐廳評鑑榜上，Aizle從一千八百多家愛丁堡餐廳中脫穎而出，始終高居第一或第二。他和克莉絲多有了第一個孩子後，克莉絲多辭去吧台的工作，但史都華繼續在餐飲業打拚。他說：「整個餐廳的營運都奠基於我做的料理。我們試著做很多事，設法爭取各式各樣的獎項與好評，同時兼顧經營。」小型企業老闆通常寧願生意多到分身乏術，也不希望為生意清淡傷腦筋，但是史都華忙到每天有十六小時都待在餐廳。「下班回到家，還得照顧通宵不睡的幼兒。」長達兩年，一家三口每天睡眠時間只有幾小時，而且時睡時醒，無法一覺到天明。「我想就是那時候，我們才真的開始意識到，我花在工作的時間過長，這對改善家庭狀況可是毫無助益。」他幽默、但不形於色地說。

經過三年每週八、九十個小時的工作，「我體重直線上升，飽受壓力，身心疲憊，酗酒。我老是覺得超累，動不動就發脾氣，員工離職率以秒計。」回到家，「我覺得自己與兒子並不親，他兩歲前的人生，我幾乎都缺席。」不過，身為父親與餐廳老闆，「我得對自己的家庭及餐廳裡十個雇員負責。他們得靠你給的薪水支付房租呢。」企業家十之八九都為了成功的事業付出慘痛的個人代價。「儘管餐廳生意蒸蒸日上、門庭若市，可是我覺得前途黯淡，彷彿被困在黑暗的漩渦中，動彈不得。」

在餐飲業，得扛住高壓才能成功。對主廚來說尤其倍感壓力，不論是每個晚上、出每一道菜、每週的尾聲做帳，還是設計新菜色或精進廚藝。這一行歡迎各種適應不良的怪人，也接納沒什麼經驗的門外漢並以此自豪，但也面臨職員流動率高、壓力居高不下、工時長、薪資低等問題。嗑藥、酗酒是常見現象，許多廚師與憂鬱症奮戰。所謂福禍相倚。享受炫亮的聚光燈，對上門的機會來者不拒，加上患得患失的心理，這些都會造成焦慮。誠如美食作家凱特・金斯曼（Kat Kinsman）所言，即便名利雙收的廚師，也蒙受巨大壓力，才能維持得來不易的聲譽與地位，因此金斯曼成立了心理健康網站「廚師問題面面觀」（Chefs with Issues）。

約莫在二〇一七年末，史都華清楚知道他得做出選擇。他可以冒失敗的風險，改變 Aizle 的經營方式，或是一如既往，但最終勢必以失敗收場。他告訴我：「那時我覺得自己已沒有退路，因為我已失去太多自己及家人的時間。所以在二〇一八年一月，我決定，好吧，那就改變吧。」Aizle 無法增聘廚師；餐廳太小；過度反映史都華獨特的願景與想法。所以他意識到，「唯一的辦法就是關門。如果沒有客戶上門，沒有理由開門營業，我們那天非熄燈休息不可。」

史都華做了兩個重大決定。首先，他決定讓 Aizle 週休三日，只有週三至週六開門營業。他說：「週日一定客滿，但我希望週日放假，因為將來兒子長大上學，週日學校不用上課，我可以照常陪他。」為了彌補可能的收入損失，他們重新裝潢餐廳，增加六個座位，每晚平均可多接待十二位客人，一週就多了四十八人，幾乎足以攤平週日不營業的損失。史都華也添購一個更大的灶台，讓他工作更有效率。如果需要，例如每年八月的愛丁堡國際藝穗節，餐廳可以恢復實施週休二日，這檔藝術界盛事會吸引兩百多萬遊客湧入愛丁堡。此外，十二月也是餐廳旺季，同樣實施週休二日。

再者，史都華規定餐廳每年歇業六週，讓每位員工在同一時間休長假，因此沒有人需要幫其他度假的員工代班而超時工作。史都華以前曾經幫其他廚師代班，一連工作三週，每天上班十二小時。對此，他面無表情、輕描淡寫地說：「我覺得這樣不利健康，我已三十五歲，精力不如從前。」這樣的改變也保證他有時間陪伴家人。他二〇一八年受訪時告訴記者：「我小時候，社會上多得是父母犧牲家庭時間拚事業。我決定不要重蹈覆轍。」

所以成績如何呢？史都華告訴我，差不多一年後，「員工更開心」，「相較於工作五天，一週工作四天，大家表現得更賣力。於是，餐廳更乾淨，更井然有序，該做的事都能搞定。」總經理傑德．強斯頓（Jade Johnston）也有同感。他說：「我更有精神，也比以前開心。當我上班時，心裡想的只有工作。工作速度更快，效率更佳，不會有絲毫差池。我會時時注意所有客人的需要，也重視營運。」

至於食物呢？史都華說：「一週工作四天，我有更多時間研發產品。我絕對花更多時間設計菜色，和員工一起做菜。所以過去十個月，我們整體的工作表現水準遠高於之前。你可以看到顧客的意見回饋，我們的座位全被預約一空——連續兩個月的週六都沒座位了。」實際上，生意好到讓史都華決定擴大營業：在二〇一九年年中，他在愛丁堡開了第二家餐廳，是一家休閒餐廳，取名 Noto。

創立 Aizle 之前，史都華在加勒比海的一座度假村擔任廚房主廚（chef de cuisine）。他在那兒學到的技能是後來成功落實一週工作四天的關鍵因素。不像許多廚師，「我習慣管理菜單、人員、數字。」所以他考慮落實一週開業四天時，先分析了餐廳的財務報表與現金流。「看著這些數字，我說，嗯，這也許行得通。」但那不只代表一旦生意下滑，銀行要有多少存款而已。他說：「我們已經在這裡開業四年半，成了熱門餐廳，賺了錢，再投資升級。」你可能認為新公司比較容易落實一週工作四天的政策，但 Aizle 的歷史顯示，只有更成熟的事業體、已通過考驗的可靠基礎設施、員工、完善根基，才能更周延地因應隨著重新設計工作日而來的諸多挑戰。

Aizle 是近年來縮短每週工作日的多家餐廳之一。這已是明顯的趨勢，因為世界一流的廚師體現了最好與最糟的創意生活。例如，他們不斷尋找新穎的想法、食材、靈感，把創意與突破轉化為可行的商品，讓旗下徒弟夜復一夜照指示調製。他們的工作屬於開放式：不斷開發新菜與食材，苦思全新的烹煮方式。這樣求新求變的過程永無止境，足以列入高階創意教科書當範本。

廚師這一行是忙進忙出的高壓工作，不如你想像的輕鬆。烹飪時時刻刻、日復一日無不要求十全十美，完全馬虎不得，很容易讓身心俱疲；是高壓環境下的工作。餐飲業讓廚師手握大權，其中不乏有遠見、富想像力、喜歡東問西問、充滿好奇心、完美主義的大廚。有些則難以相處、苛刻，甚至動口動腳辱罵屬下。在這個領域，倦怠、濫用藥物等現象高於平均水平。

而今全球一些備受美食家好評的知名餐廳紛紛減少營業日。在加州的帕羅阿托，Baumé 摘下米其林二星餐廳的頭銜後不久，決定一週營業四天。洛杉磯懷石料理餐廳 n/naka（另一間米其林二星餐廳）也是每週營業四天。在澳洲墨爾本，Attica 餐廳從二〇一七年開始，規定員工每週工作上限是四十八小時。兩間最響叮噹的「新北歐」餐廳也試行縮短工時的新政策。丹麥哥本哈根的 Noma 餐廳二〇一七年重新開業後，決定每週營業四晚，他們指稱「Noma 的強項是員工，因此做此決定，以便讓員工在工作中、工作外享有更好的生活品質」。在挪威的奧斯陸，Maaemo（意為大地之母）更前衛：二〇一六年，他們讓所有員工一週工作四天；二〇一七年，所有員工每週僅工作三天。這提供廚師與員工更多休息時間，足以減輕壓力，協助他們保持創新的活力，提高留在高溫廚房的意願。

史都華與 Aizle 的故事，也廣泛呈現企業領導人如何縮短公司的每週工作天數。不少人這麼做是出於個人因素：希望自己過更好的生活，期待這個辦法能紓解壓力、平衡工作與生活等大家都面臨的問題。此外，縮短工時也出於許多實際考量：不論這些領導人在哪一行，都面臨雇不到人、員工流動率高等問題，加上得和規模更大、資金更雄厚的公司競爭，又必須不斷推陳出新、保持新鮮感。領導人也希望力抗產業面臨的逆境與走下坡的趨勢，緩和劣幣驅逐良幣的壓力，展現公司如何協助員工發展永續的職涯與生活。最後，不管他們在美國、歐洲或亞洲發展，都累積了必要的專業經驗與知識，用以修正自己公司的問題，替他們的產業闢出一條新徑。

哪些公司試圖縮短工時

你可能已聽過一些公司嘗試縮短工作日時數或工作週天數，也從報章雜誌或商業新聞讀到，聖地牙哥的「高塔」立槳衝浪板公司、費城軟體公司 Wildbit、紐西蘭金融信託公司永恆守護者（Perpetual Guardian）、英國公關公司 Radioactive PR 等企業，紛紛縮短工時。其實，縮短工時已是廣泛、多元、擴及全球的運動。我研究、參觀了一百多家實施縮減工時的公司，並訪問他們的領導人與員工。英語報章雜誌對這些公司的關注少之又少，甚至隻字不提。為了進一步瞭解縮短工時的運動，以及這運動的廣泛程度，不妨把這些公司視為一個整體，看看他們屬於哪些產業，以及位於哪些國家。

這些公司有三個共通點，讓他們跑在別人前面，成為創新先驅。首先，他們多半是中小型企業，較易推動文化與管理上的重大變革。二，幾乎所有公司至今都還是由創辦人領導，這些人在公司的頭銜、地位、道德高度，給了他們落實重大改革的權力。三，許多公司靠著創意、創新建立口碑，並藉此說服公司接納縮短工時的實驗，成為另一種展現創意與創新特質的手段。這說明何以這些公司是縮短工時的先驅，不過整體而言，縮短工時不限於公司的類型、產業、地理位置，在在顯示這是剛起步的新興運動。

附錄列出我在本書討論的公司名稱、所在國家、產業別、採用的工作時間表。請注意，我關注的焦點並非藉縮短工時、降低員工薪資的企業（例如電商巨擘亞馬遜對部分員工的措施）。我也沒有納入日本 7-Eleven 這類公司，日本的 7-Eleven 將員工的每週上班日從五日減為四日，但每天上班時間延長為十小時，以便維持每週工作時數不變。這些公司雖然協助推廣每週工作四天制，讓週休三日成為常態，但通常未能改變公司內部作業流程或企業文化。

我也簡短提到實施週休三日的政府機構或公立學區，儘管值得注意，政府與教育界開始試行取代傳統週休二日的替代方案。美國猶他州的州政府在二〇〇八至一一年試行一週工作四天／每天十小時的新制。而德州的艾爾帕索市（El Paso）也同樣在二〇〇九至一八年實施一週工作四天／每天十小時的制度；其他市政府同樣試行一週工作四天；一九九六至九八年，芬蘭中央政府贊助市政府縮減員工上班時數。冰島首都雷克雅維克在二〇一五年開始試辦縮減每週工作日，到了二〇一八年，試辦對象擴及兩千多名員工，約占全市勞動力的四分之一。二〇一九年，冰島另外三個市政府開始試辦自己的縮短工時制度。

在美國，公立學校也開始實驗週休三日。二〇一九年，共有二十五州的學區實施一週上課四天。在科羅拉多州，半數以上的學區一週上課四天。許多學區碰到預算吃緊時，順勢縮減上課天數。但是郊區的學區紛紛改成四天制，希望減少學生搭長途巴士通學的時間，並提高聘雇教師的成功率及留任率。

本書裡，我關注的對象是同時完成以下三個條件的公司：縮短總工作時數、維持工資不變，以及產能、獲利、客服水平未打折。

這份清單並未一網打盡所有企業，因為全球林立的新公司紛紛試行週休三日。泰絲．沃克（Tash Walker）是「人類行為代理人」The Mix 公司的創辦人。她告訴我，The Mix 在二〇一九年年初發表了一篇報告，闡述公司如何轉型，接著有數十家公司與她聯繫，希望徵詢她的意見，向週休三日邁進。無獨有偶，紐西蘭信託公司「永恆守護者」的執行長安德魯．巴恩斯（Andrew Barnes）表示，二〇一八年公司改成週休三日後受到全球關注，自此收到來自世界各地的公司來函，表明有興趣跟進試辦週休三日。

首先要注意的是，儘管西歐與北歐國家以全球最短工時廣為人稱道，這要歸功於完善立法、工會合約保障、支持有彈性的兼職，但其實週休三日、每日工作六小時的運動已遍及國際。我研究的公司中，有三十五家位於英國、二十四家在歐陸、二十四家在美加、九家在紐澳。此外，公司也不限於西方：十四家在南韓、五家在日本，而韓日超長工時在全球可是「惡名遠播」。

而這些公司涵蓋的產業非常廣泛。二十四家公司是餐廳，包括舉世聞名的龍頭（如丹麥的 Noma）及休閒連鎖餐廳（如紐約漢堡連鎖店 Shake Shack）。二十五家是軟體公司或電商公司。二十七家是各種創意機構，包括數位代理商、行銷、廣告、公關公司、影片製作公司、設計工作室。九家是顧問、保險或金融服務業。八家是製造或維修公司（包括日本碾米機製造商、汽車維修中心）。六家生產保健美容產品。三家是療養院，三家是電話客服公司。

餐廳、創意機構、軟體公司占比最高，因為這三種產業都在解決心理健康、壓力、工作倦怠等系統性問題。

餐飲業員工長期面臨低薪資、工時長、惡劣的工作環境等問題，而且動不動就會遭到辱罵動粗及性別歧視。二〇一五年的一項調查中，一七%的全職餐廳員工坦承濫用藥物。三年後的另一個調查發現，工作壓力導致四三%的餐廳員工出現眾多有害健康的行為，五〇%員工的家庭生活受到影響。

廣告界的情況稍微好些，如果要滅的只是隱喻的火。美國二〇一九年一項民調顯示，廣告界有三三%的專業人士擔心自身心理健康；而每週工時超過五十小時或年薪不到五萬美元的廣告族中（換言之，大多數的年輕專業人士），這比率超過四〇%。同年，澳洲一份針對行銷界與廣告界的調查發現，五六%從業人員出現憂鬱症症狀。二〇一八年英國的一項調查發現，六四%的廣告員工考慮辭職，六〇%認為工作對心理健康造成負面影響，三六%認為自己的心理健康「很差」，二六%表示自己有慢性壓力或憂鬱症等日積月累的毛病。難怪這一行的員工流動率高達三成，約五成的人辭職徹底離開這行。

科技界也有它的問題。二〇一八年的一項調查發現，受訪的一萬兩千五百名軟體界員工中，三九%自稱心情沮喪，五七%表示有工作倦怠。這很大程度要歸咎於不良的工作場所：四八%表示工作環境造成心理健康問題；九一%認為職業倦怠（或過勞）是公司必須正視的問題。二〇一九年，程式設計師問答平台 Stack Overflow 調查發現，三〇%的軟體開發工程師出現注意力不足過動症（ADHD）、情緒失調、焦慮等心理健康問題，或稱自己不是神經正常人（neurotypical, NT）。

雖然本書三分之二的篇幅著墨於這三個產業，另外三分之一的公司則是包羅萬象，包含碾米機製造商、五金沖壓件訂製廠商、有機化妝品公司、療養院、汽車維修廠、保險和金融公司、旅館、線上與印刷品出版社、電話客服中心等。日本電商公司 Zozo 和南韓O2O 公司優雅兄弟，分別有一千多位員工；其他公司多半規模較小，員工不到一百人。有些公司選擇少營業一天，藉此縮短工時；有些則維持、甚至延長營業時間，但縮短員工輪班時間。這些公司的營業時間有長有短：有些公司一個專案可以進行數月之久，有些公司每晚都提供客戶服務，有些則是全年無休二十四小時營業。部分公司每一季會檢討財務報表與關鍵績效指標，有些實施即時監控，掌握員工當天的表現。

換言之，縮減工時運動不限於慢速產業中那些胖呼呼的幸福企業。縮短一週工作天數需要公司重新全盤思考，諸如營運方式、聘雇對象、員工獎勵方式、如何分配勞力與權力、如何評量績效、如何分配新技術和高產能帶來的收益。縮短工時並非減少工作量，而是提高工作效率——從經濟面與道德面考量。這些公司不屬於已能平衡工作／生活、男女比例的產業。反之，他們所在的產業標榜狼性的工作文化，領導人視超時超量工作為成功的標誌，還出現性別不平等、聘雇不到人、高流動率、職業倦怠等諸多問題。

就這些產業的公司而言，縮短工時不代表偷懶，而是反抗。

縮減工時有哪些類型

反抗有幾種形式。最受歡迎的是一週工作四天：我研究的公司中，有三分之二選擇週休三日。這些公司當中，多數採四天工作三十二小時；其他公司試辦或實施了週休三日後決定放棄。某些公司則是結合週休三日及遠距彈性上班兩個制度。日本軟體公司才望子（Cybozu）採一週工作四天，配合「一百人有一百種風格」的彈性工作政策。

其他公司的工時新制從 Google 獲得靈感，Google 為每位員工提供了二〇％的自主支配時間，亦即員工一週花四天做公司指定的工作，剩下一天自行支配，做自己想做的事。以應用程式開發商「思考機器人」（thoughtbot）與紐約軟體公司蟑螂實驗室（Cockroach Labs）為例，職員一週花四天開發公司產品或完成客戶委託的案子；第五天則可以支配思考機器人所謂的「投資時間」（investment time），利用這時間上課、學習新的程式語言、培養其他技能，或是從事任何能開拓視野的活動。倫敦設計顧問公司 ELSE 每到週五，要嘛是完全自由的「耶！開心日」（yay days），要嘛是提升自我的「玩樂日」。而多家餐廳改制為一週工作四天；每天工時依舊很長，所以一週下來，廚師與員工可能還是得工作五十小時。但是相較於其他傳統餐廳的同行動輒每週做七、八十小時，五十小時已是很大的降幅。

有些公司維持每週工作五天不變，但縮短每天的工作時間。在南韓，優雅兄弟率先落實每週工時三十五小時，而且廣受好評。其他公司則是每週工作三十小時，員工每六小時輪班一次。最後，有少數幾家公司每天僅上班五小時，不是全年如此，就是單單夏天實施。

對其他公司而言，能將每週工時維持在四十小時已是向前跨了一大步。全球廣告代理商威頓＋甘迺迪（Wieden+Kennedy，簡稱 W＋K）位於倫敦的辦事處在二〇一六年開始實施新制，一週工作時數不得超過四十小時。該公司以超快步調、猶如壓力鍋的工作環境享譽同行（所以該公司的暱稱是週末＋甘迺迪），對這樣的企業來說，重返一天八小時的正常工時，已是重大的變革。總部設於華府的戰略傳播機構 Clyde Group 實施一週最多工作四十小時的新政；其實新制上路前，該公司在短短一年間，有多達一半的員工因過勞和職業倦怠求去。紐約旅業媒體 Skift 不鼓勵員工每週上班超過四十小時。丹佛的資訊科技公司「不將就」（Never Settle）甚至會處罰工作過度的員工：若兩週下來，工時超過八十小時，就會扣休假時數。

許多公司、市政府，甚至州政府，提供一週四天／每天十小時的選項。這些計畫可追溯到一九六〇年代與七〇年代初，當時美國工廠試行一週四天／每天工作十小時，藉此減少用電成本與不彰的工作效率。在二〇〇〇年代與一〇年代，包括通用汽車、亞馬遜等大型企業、猶他州州政府、德州艾爾帕索市政府、美國鄉下學區，全都試行每週上班／上學四天的新制。而今一些日本企業，包括優衣庫、7-Eleven、肯德基炸雞等大企業在內，紛紛提供一週工作四天／每天十小時的選項。有些美國企業，如亞馬遜以及紐約精信廣告公司（Grey）也提供員工一週工作四天／薪水縮水的選項。但上述這些公司並未徹底重新設計一週做四天／週休三日的本質，只是重新排列每週四十小時的工時而已。

領導人的背景與動機主導了變革

我們就來仔細分析這些公司的領導人，是什麼原因促使他們邁出這一大步。既然是由上而下帶頭試行縮短工時，有必要瞭解領導人的背景與動機，以及他們為什麼相信縮短工時只會讓公司更好。

受訪時，幾乎所有創辦人都描述自己早年進入職場後，莫不超時工作，工作與生活嚴重失衡，出現個人身心過勞或職業倦怠。倫敦設計公司 Normally 的共同創辦人兼總經理瑪蕾．華勒斯伯格（Marei Wollersberger）說：「我們都形容自己是康復中的工作狂。」這些領導人曾服務於高科技公司（臉書、Google 及其他強調狼性文化的企業）、餐廳、顧問公司、廣告代理商，也有不少人是不斷創業的實業家。他們之所以決定縮短工時，是因為自己曾在高度競爭的企業文化裡超時工作，有時被磨得身心俱疲。

決定採行週休三日的企業領導人，都將旗下事業的工作環境、工時和自身的背景與經歷相比。SQL 雲端資料庫新創公司蟑螂實驗室（強健得猶如打不死的小強）的共同創辦人史賓塞．金伯爾（Spencer Kimball）、彼得．馬提斯（Peter Mattis）與班恩．達諾爾（Ben Darnell），都曾任職 Google（矽谷稱從 Google 畢業的「校友」為 Xooglers）。金伯爾也曾是行動支付商 Square 的共同創辦人之一，馬提斯則是 Square 的資深工程師。肯恩．凱利（Kenn Kelly）、蕭爾．海根（Shaul Hagen）與安德魯．倫德奎斯特（Andrew Lundquist）共同創辦不將就資訊科技公司之前，任職於「爆發性成長的科技新創公司」，每週工作長達八十小時，「深浸在矽谷文化裡。」蘇格蘭愛丁堡的軟體公司 Administrate 專門開發網際網路 SaaS 雲端應用程式，其執行長約翰．皮伯斯（John Peebles）說，創立自己第一家新創公司時，「真的是醒來的每一分鐘都在工作。」當他離開創立的第二家公司時，「我賺了很多錢，也學了很多，但我真的不記得前七、八年做了什麼，腦子一片空白。這似乎有問題吧。」

有這樣背景的人並非僅限於軟體界的老將。安妮・泰佛林（Annie Tevelin）在二〇一三年成立有機護膚公司 SkinOwl。自立門戶之前，她在好萊塢擔任彩妝大師，每天工作十四小時。安娜・羅斯（Anna Ross）原本服務於時尚界，一週工作八十小時，離職後成立 Kester Black 公司，專賣天然指甲油。她二〇一六年接受英國廣播公司（BBC）訪問時說道：「我一天到晚哭個不停，飲食不正常，壓力超大。我決定再也不要讓其他人經歷那種可怕的工作環境。」澳洲實業家麥可・漢尼（Michael Honey）曾在廣告界服務十年，「經常加班到深夜，做某些案子還得熬通宵。」他後來自己創業，成立數位互動公司 Icelab，發現「他希望每週輕鬆工作四十小時，而不是馬不停蹄地拚命五十小時」。

有趣的是，這些領導人並非畢業於賓州大學（我是校友）或史丹佛大學（我曾執教的學校）——這些大學莫不自我標榜是培養異類創新人士與敢追大夢企業家的搖籃。在南韓，許多企業執行長都畢業於頂尖學府，如首爾國立大學、韓國科學技術院（KAIST），但金逢進大學主修的是美編與設計。日本服飾網站 Zozo 的創辦人兼執行長前澤友作（Yusaku Maezawa）自早稻田大學退學。在美國、英國、澳洲、紐西蘭，本書提到採用週休三日的領導人，除了少數幾人是出自加州大學柏克萊分校的軟體工程師，沒有一人畢業於牛津、劍橋或常春藤名校。他們受教於有聲望、但並非頂尖的學府，如美國亞利桑那州、英國南安普敦、澳洲塔斯馬尼亞的大學，或費城的天普大學、蘇格蘭的格拉斯哥藝術學院、紐西蘭的奧塔哥理工學院。

是什麼原因激勵領導人推動週休三日

這些領導人都在職涯的某個階段碰到必須有所改變的臨界點：他們還是熱愛自己的工作，但是對於傳統的工作方式再也不抱任何幻想。

根據報導，萊恩．卡森（Ryan Carson）創辦線上教學平台 Treehouse 之前，曾在倫敦一家設計公司任職，睡眠嚴重不足導致他「疲憊到出現譫妄」、「對自己的產出感到沮喪」。肯恩．凱利（Kenn Kelly）告訴我，年輕時，長時間工作是「腎上腺素激增」，讓人興奮，「但這無法持久，隨之而來的是身心耗損與精力耗盡。」沒有人會否認，年輕時，勤奮努力打拚有助於建立自信和對這份工作的認同感，強化團隊凝聚力，加速學習，但是長時間工作過度會危害健康，提高身心耗損的風險，最後反而成效不彰。史賓塞．金伯爾說，他創立第一家公司後，每天工作十四小時，但他發現，「大約工作十小時後，你基本上就是個廢物，思考不具任何創意，甚至無法解決原本難不倒你的問題。」

他們也終於明白，在講究創意、知識密集的產業，不管你花再多時間，工作永遠沒有做完的一天。過度工作並非維持長期競爭優勢的利器。捷克公司 Devx 的共同創辦人瑪蕾克・克里茲（Marek Kříž）說：「我們痛恨以下的說法——成立一家新創公司，公司必須快速成長，而你得沒日沒夜地工作，榨乾所有的精力。」對公司創辦人而言，永遠有找不完的潛在客戶、賣不完的東西、追求不完的新點子、開發不完的新產品，所以不易說服他們接受「完畢」其實是永不可能實現的狀態。不過一旦他們接受，就可以擺脫束縛，重新思考公司該如何運作。

蟑螂實驗室執行長金伯爾論長工時

促使我在這家公司盡可能避免超時工作，一部分原因是我大學剛畢業就開了第一家公司。我記得當時每天工作十八小時，覺得超酷，心想：「哇，我真的是夜以繼日、焚膏繼晷。我完成了一些超棒的作品，產能超高。」但是有幾次，工作十四小時後，接下來的四個小時，我只能盯著螢幕，啥也做不成。相信我，當時做的多半是例行性工作，不像現在這樣。在這裡，我們生產複雜的產品，隨著時間推移，只會愈來愈複雜。這類產品最好交給身心狀態俱佳而非身心俱疲的人處理。

即便仗著自己年輕挑燈夜戰，以為難不倒你，連續工作十二個小時後，你不過是在自欺欺人。十二小時是我的極限，就連做的是重複性例行工作也不例外。如果換成蟑螂實驗室的工作項目又會怎樣？有些問題極其複雜，系統裡的移動組件都不同，如果你工作過度、壓力過大、沒有充分睡眠，絕不可能把工作做好。

有時候健康問題逼著公司不得不試行縮短工時。在冰島，印格松（Margeir Steinar Ingólfsson）、佛里楊松（Þórarinn Friðjónsson）二〇一六年決定試辦每天上班六小時的新制，兩人創辦的數位行銷顧問公司 Hugsmidjan 正好邁入第二十年，員工共二十四人。這一年，印格松因為健康長期亮紅燈，加上靈性方面的啟發，對縮短每日工時漸感興趣。佛里楊松則是因為滑雪意外重傷，重新評估人生的優先順序。兩人也希望公司對家庭更友善，不樂見員工假性出席（presenteeism，又譯出勤主義、假性上班、出勤強迫症）。印格松認為，假性出席的現象在冰島企業界愈來愈普遍。

假性出席及過度工作，尤其不利講求創意的產業，因為這會排擠不斷學習與接觸新穎想法的機會，而學習與新穎想法正是餵養創意的養分。要對抗這個現象，需要學習尊重各種經驗的價值與重要性，正視那些看似浪費在「混水摸魚」、「無所事事」的時間。「客戶找我們幫忙，是看上我們的地位、提供的見解，以及我們的經驗可應用在他們的問題上。」設計顧問公司 ELSE 的執行長華倫・哈金森（Warren Hutchinson）說道。所以公司必須聘雇聰明的員工，交辦有趣的工作，同時給他們時間體驗其他事物。「如果你做的只是上級交辦的事，久而久之，你累積的就只有和工作相關的經驗，你的學習也僅圍繞著那個工作打轉。」客戶要的除了經驗，也想獲得啟發和新意，而這些不是靠在辦公室加班就能獲得。

許多領導人發現，做了父母之後，應用時間的效率變得奇高。瑪蕾・華勒斯伯格有了第一個孩子之後，重新思考過度工作的意義。她說，休完產假回到工作崗位，「我的工作效率比以往任何時候都來得高。」因為她必須更集中注意力，做事速度更快，更快下決定。「要我在辦公室待到晚上十點，公司才能順利運作，簡直就是天大的迷思。」澳洲金融公司 Collins SBA 與德國ＩＴ公司萊因根斯數位（Rheingans Digital Enabler）的執行長不約而同地把公司的每日工時縮短為五小時。在此之前，兩人為了照顧家庭而辭職改做兼職，結果發現，兼職完成的工作量和朝九晚五的全職差不多。有了小孩之後，萊恩・卡森更清楚，花在要事上的時間（如做父母）稍縱即逝。他說：「有了小孩，你瞭解到你只有十八年的短暫機會，然後咻地就結束了。我沒有那麼長的時間與我摯愛的親人相處。」

不過光是對傳統的工作方式失望並不夠；你必須相信，可能有其他新穎又經得起考驗的工作方式。

有些人受到其他公司的實驗計畫得到靈感與啟發。華倫・哈金森聽說克里斯・唐斯（Chris Downs）創建的設計工作坊 Normally 每週僅工作四天，他心想：「嗯，為什麼我們 ELSE 不能跟進？」哈金森與唐斯都曾在倫敦大型公司任職，然後才出來另立門戶。一如唐斯，哈金森如今也當了父親，這位新創業老手擔心，熬夜和過勞對自己的公司及整個行業的影響，而且他立刻看到週休三日的好處。

其他人則被科學說服。威頓＋甘迺迪公司的執行創意總監伊安・泰特（Iain Tait）被一本暢銷書說服，該書全名是《我的混亂，我的自相矛盾，和我的無限創意：讓創造力源源不絕的10個密碼》（*Wired to Create*），講述靜默對心智為什麼重要。泰特決定試行縮短每日工時的實驗計畫。此外，丹尼爾・康納曼（Daneil Kahneman）的《快思慢想》說服了 IIH Nordic 的共同創辦人亨利克・史坦曼（Henrik Stenmann），讓他相信縮短工時有利於提高產能。他發現：「如果大家要改變習慣，希望有創意，就需要更多時間休息。」

受訪的幾位領導人提到，每天工作八小時或一週工作五天是工業化時代的人為產物，並非針對二十一世紀職場所設計。他們瞭解歷史左右了工時，而技術革命與工作場所的變化會淘汰過時的工時形態，其中一些人也經歷過這類變化。約翰・皮伯斯一九八五年和雙親移居到中國大陸，當時中國的公司每週工作六天。年輕的約翰喜歡這一點：表示週六他到遊樂園完全無需排隊。長工時在中國已行之數十年，大家努力工作，希望提升生活水平，隨著一九八〇年代與九〇年代初政府官員與決策者大量留洋，回國後開始思考如何讓中國走向週休二日。一九九五年，中國正式改制為週休二日，但並未因此減緩突飛猛進的成長力道。在遊樂園的排隊人龍變長了，但皮伯斯十多歲兼差教英語的補習班學生人數也變多了，顯示民眾大幅增加在消費品、旅遊、教育上的花費，而官員將這現象歸因於民眾有更多的休閒時間。上述是皮伯斯二十年後將公司 Administrate 改成週休三日時回想到的經歷。

這並非單一個案：勇往直前的個體硬是讓現實折腰，屈服於他們的意志之下。許多公司裡，主要推動者往往是一個小團隊，組員多半是創辦人和營運高階主管。許多個案中，主導人中一位是男性，一位是女性，為的是納入不一樣的視角：多項研究顯示，職業婦女（尤其是在職母親）能更務實地安排時間，也因為過來人的經驗，知道周旋於職業婦女與母親這兩種角色有多麼困難，畢竟這個社會對兼顧家庭與工作的婦女要求頗多，甚至責罰多過鼓勵。

領導人往往為了吸引優秀的新人，改而向縮短工時靠攏。許多成功實施週休三日的公司，帶頭的經營團隊已然知道彼此該如何合作無間。IIH Nordic 的共同創辦人亨利克．史坦曼與史亭．拉斯穆森（Steen Rasmussen）之前曾在數位行銷公司 Deducta Search 共事。

追求行銷公司（Pursuit Marketing）的共同創辦人都是格拉斯哥電話客服界的資深人士，曾一起合作也曾互相競爭多年。像這樣知根知底的經營團隊更善於處理重新設計工作日所衍生的諸多挑戰，學習如何更集中心力工作，更留意哪些是優先處理的要務與挑戰。

聘人與留人的關鍵

外部壓力也逼著公司試行週休三日。對許多公司而言，聘人與留人是實施週休三日的主要動力。愛丁堡軟體公司 Administrate 表示，週休三日是不錯的宣傳，營運經理珍．安德森（Jen Anderson）分享：「那可讓我們公司顯得與眾不同，在愛丁堡火熱的就業市場，吸引求職者的注意力。」近年來愛丁堡的技術產業快速成長，類似 Administrate 的本土新創公司必須和 Adobe、亞馬遜等跨國科技巨擘搶人才。醫療通訊公司 Synergy Vision 的創辦人兼執行長菲歐娜．道伯（Ffyona Dawber）表示，愈來愈多人離開全職崗位成為自由工作者，已成為「全業界的流行病」，而她希望四天工作制能將更多人留在全職崗位上。餐廳改為四日工作制，部分原因是為了遏阻每年高達七成的流動率，這麼高的流動率非常不利餐廳營運。醫院與療養院縮短護理師的輪班時間，也是希望保留有經驗的護理人員。

在日本，企業為了搶新人並留住資深員工，紛紛試行縮短工時的實驗。才望子的社長青野慶久（Yoshihisa Aono）說：「我想和 Google 與微軟在全球市場一較高下。但是我們不像Google可以從史丹佛大學招募到優秀聰明的工程師，與他們在技術上競爭。」但他也不是沒有機會扭轉劣勢，他把公司打造成「一家了不起的企業，員工一週只要工作三天，所有母親都可以在家工作」。二〇一六年，日本雅虎宣布在未來幾年內逐步落實一週工作四天，先讓員工利用國定假日安排週休三日，然後才正式縮短一週的工作天數。二〇一七年，佐川急便株式會社（Sagawa）、全家便利商店、零售商優衣庫、以醫療照護服務為主的內山控股公司（Uchiyama Holdings）紛紛落實一週工作四天，所有職員可以選擇一天工作十小時，或選擇一天工作八小時，但必須減薪。多數公司表示，這些政策有助於招募到年輕員工，也能大幅留住年紀偏大、需要照顧年邁父母的員工，或是增加女性高階主管的人數。日本厚生勞動省估計，擁有三十名以上員工的企業中，有六·九％提供週休三日，十年前這比例僅有三·一％。

南韓企業也開始縮短工時的實驗，主要是考量到這有助於聘人及留人。位於忠州市的化妝品廠商伊奈絲蒂（Enesti）自二〇一〇年開始試辦週休三日，起因於在職母親要求改變上班時間。重新調整的班表大獲成功，伊奈絲蒂最後乾脆擴大實施，讓這個班表適用於所有員工。這時南韓的化妝品產業蒸蒸日上，伊奈絲蒂激勵了其他同業跟進，也嘗試縮短每週工時，部分原因是想留住員工，以免跳槽到伊奈絲蒂。

終極目標：建立可存續的公司與職涯

新創企業非常講究高燃速、一飛沖天的成長率，老是一邊做、一邊等著退場被購併，有些創辦人之所以縮短工作天數，無非是希望公司長長久久，維持不墜。安妮．泰佛林說：「我的動機是希望過得好、過得舒服，事業在我的掌控之下，不會發展得太快、太大。我希望這家公司發展成十年後非常特別的公司，而非兩年後有一千萬美元的價值。」亨利克．史坦曼說，IIH Nordic希望營造一個環境，「讓大家覺得為我們工作時，安心又安全」——即使被逼著學習新技能及更有效的工作方式。縮短工時是一種工具，目的不在讓公司被更大、資金更充沛的公司收購，而是希望公司穩定與長壽。

儘管這些新創公司的創辦人冒著短期內表現不如傳統公司的風險，仍願意冒險一試，相信縮短工時後只要工作更專注，長期下來，有助於提高公司產能與創新力。產品設計開發顧問公司「思考機器人」執行長查德．皮特爾（Chad Pytel）說，設計可在軟體界長期實施的工作方式，顯示公司經驗老到，也證明公司有心求穩。他說：「我們已在此深耕十五年，沒有打算去其他地方，也計畫再經營另一個十五年。」永續發展不一定非要員工賣命交出了不起的成績。查德說：「結果不言而喻。你拿我們公司的業務組合、工作、歷來記錄、團隊跟其他公司任何一個團隊相比，我們的產能如果沒有比對方好，也絕不遜色。」大家對軟體普遍的看法是，編寫得快，丟棄也快，但事實並非如此。程式的壽命可以維持數年，甚至數十年。微軟 Word 的早期經典版本中，例如為麥金塔（Macintosh）編寫的 Word 5.1 一九九一年推出時，距離第一版問世已經整整七年。即便電玩平台更新得更快、更強大，但可傳世的電玩程式依舊沒被淘汰。有鑑於此，對軟體公司而言，公司必須存在夠久，產品才有機會茁壯與成熟。

換個說法，這些領導人把公司視為目的（end），而非只是致富和成名的工具。他們受訪時提及自己的願望，希望一手創立的公司與眾不同，比他們還長壽，而公司文化正是實現這個目標的手段。當你開一家公司時，預想靠它賺錢的時間只有短短幾年，接著因為內爆或跟不上時代而收攤，打造出的公司文化很可能符合創投資本家的期待與先入之見，包括體面的外觀，超長的工時。反觀有心長期經營的創辦人，會縮短每日工時或減少每週工作日，嘗試讓公司屹立不搖，成為創業史上的最後一家公司。

上述有關公司永續經營的談話也適用於個人職涯。主廚們多年來倡議永續食物（sustainable food）的概念，而今開始把這些概念應用於改善餐廳員工的生活。挪威奧斯陸米其林餐廳 Maaemo 的主廚艾斯本・霍姆波・邦（Esben Holmboe Bang）在二〇一七年受訪時說：「我們主廚如此重視食物的永續性，但卻忘了『為自己創造永續的環境』，這實在有點離譜。」在他來說，減少每週工作日是一項實驗，「看看我們能否維持餐廳永續營運」，「提供廚師、服務生、打雜小弟、洗碗工永續而美好的生活。」幾乎每個嘗試縮短工時的老闆，都希望打造支持永續職涯的永續公司。

公司小檔案

追求行銷公司：藉一週工作四日吸引求職者

設於蘇格蘭格拉斯哥的行銷顧問公司追求行銷在二〇一一年成立，營運長羅琳．葛雷（Lorraine Gray）告訴我，該公司「不是人數至上的電話客服中心，不是只講數字遊戲，也不只看商品交易數量」。這是我參訪該公司、拜會她與執行長派崔克．伯恩（Patrick Byrne）時，她告訴我的第一件事。該公司位於格拉斯哥新竄起的潮區芬尼斯頓（Finnieston），由葛雷、伯恩、總經理羅伯特．柯普蘭（Robert Copeland）創辦，該公司的營運模式主要是與大型科技公司簽約，幫他們把產品行銷給其他大型企業。這完全不同於有線電視系統商的電話行銷，設法說服退休族加購電視－網路－電話的三合一套餐，我們需要招募經驗老到的電話行銷高手，提供培訓並留任。羅琳說：「你行銷的對象可能是倫敦證券交易所富時指數二百五十大（FTSE 250）的上市公司財務長，所以你們之間的商務對話必須深入而可信。」這意味著，「一開始就必須提供大量訓練，讓新人盡快進入狀況。」

相較於一般電話行銷，追求行銷的員工必須更瞭解產業的經濟動態。羅琳解釋道，一般公司的員工認為，「只要投入很長的時間，就表示自己做得不錯。但是實際上，每天對著答錄機連續說話十二小時，並不具意義。對我們來說，成功是有意義的投入，以及得到積極正面的結果。如果你打了三十通電話，其中五通有積極的回應，或是一百五十通電話，只有兩通有結果，我寧願你少打些電話，但獲得更多的積極回應。我們對時間的應用，重質更勝於重量，這也是培訓的重點所在。在我們公司，員工必須認識自己的產品、品牌、市場空間，然後正確定位自己的位置，這樣的工作參與才更有意義，也是成功的關鍵。」

格拉斯哥是歐洲的電話客服之都，「跳槽文化」興盛，受薪族藉由跳槽追求更高的薪水與獎金。羅琳很清楚，「如果我們願意花錢培訓員工，當然不希望他們六個月後就說掰掰。」二〇一六年初，該公司發展到五十人的規模，並提供各式各樣的福利留住員工，包括健身課、免費早餐、養生教練、個人教練，乃至在隆冬免費招待全公司職員到特尼里弗島（Tenerife）度假。不過由於英國經濟復甦緩慢，加上英國脫歐產生的不確定性，以及蘇格蘭獨立公投等因素，在在壓縮該公司的獲利。

如果他們的因應之道是縮減開支，最後可能讓追求行銷成為另一家只會壓低工資、降低福利這類「沒有最差、只有更差」的電話客服公司。影響所及，員工的忠誠度會下降，讓其他對手見縫插針，挖角最優秀的員工。這會讓我們非常苦惱、擔心。羅琳說：「一些規模較大的資訊科技供應商已移師格拉斯哥，由於初來乍到，提供優渥的薪水吸引人才。我們知道自己的團隊是他們名單上的首選，因為我們的員工受過專業培訓，不僅熟悉微軟產品，也瞭解甲骨文、Sage 等公司的軟體。就市場競爭生態而言，他們受過一流的訓練，對市場空間瞭若指掌，所以我們清楚他們非常搶手，因此公司必須做些什麼，帶動積極的改變。我們必須保住營業額，不斷成長，實現預設目標，還必須確保工作團隊開心，不會受誘惑而跳槽。」

追求行銷行銷沒有因為壓力而縮減開支或降低工資，他們反其道而行。二〇一六年九月，他們宣布實施週休三日，但員工薪水維持不變。派崔克．伯恩說，領導層精算過，縮短一週工作日將「真正改變營運，並徹底轉型」，而非只是「象徵性地做做樣子」。他也希望外界視此舉既大膽又有自信。對他而言，撙節措施（一如政府在經濟衰退後推出的一系列縮減開支措施）短期內看似明智，但長期則蠢斃了。他告訴我：「你投資的愈多，無論投資的對象是公司、經濟或國家，他們的價值就愈高；你對人的重視程度愈高，他們的生產力就愈高；生產力愈高，國庫的稅收就愈多。我們當時的想法是：『我們必須做些什麼猛推這生意一把。減資是扼殺；投資才是活路。即便只是很小的規模。』所以我們就做了這個決定。」

有兩件事特別值得一提，這兩件事讓他們深信縮短一週工作日一定會成功。首先，一項研究顯示，九〇%員工在週四下午之前，已達到每週的銷售目標。而未在週四達標者，週五很可能來不及趕上落後的進度。其次，他們觀察了在職母親貢獻的營業額發現，這些改成一週工作三日或四日的在職母親「實際上成績不輸一週工作三十八小時的員工，甚至有過之而無不及。」羅琳說道。

羅琳補充，由於追求行銷的薪資高於同行，成為求職者「嚮往的理想公司」、「首選的雇主品牌」，但是宣布週休三日的政策後，應徵人數立即大增。她說：「消息公布後，不請自來的應徵信暴增了五倍，每週我們的網站都會收到大量的求職者簡歷。」追求行銷的年度留任率飆升至九八%，意味著公司業務不太會被中斷，同時也省下支付獵人頭公司的大筆費用。該公司還獲得一系列獎項的肯定，包括二〇一六年蘇格蘭企業獎、二〇一七年蘇格蘭友善家庭公司獎、二〇一八年受薪家庭獎等，不勝枚舉。

週休三日不減薪，但公司依舊保持獲利狀態。羅琳說：「我們更有效率，對客戶的服務更周到，錢賺得也更多。」員工有更充裕的時間去看醫師、運動，或好好休息消除一週的疲勞；病假「幾乎降到零，這在電話客服界前所未聞」。

客戶沒有提出任何異議。其中許多客戶也實施彈性工作制或遠距工作，也能理解追求行銷試辦工時新制，以便最大化產能，同時滿足員工工作以外的需求。他們的抱怨少之又少：派崔克估計，在二〇一八年，追求行銷對客戶的銷售管道（sales pipelines）貢獻了二十一億美元，並與三十四個國家有生意往來。

週休三日並未減緩追求行銷的成長。二〇一九年年底左右，該公司擴大了在歐洲的營運，於西班牙馬拉加（Malaga）成立五十人規模的分公司，同時考慮在北美洲增設辦公室。此外，追求行銷也和格拉斯哥的 Fierce Digital、倫敦的顧問公司 Software Advisory Service 合作，共組了 4icg Group，是一個以數據為導向的銷售與行銷事業體。這些合作對象也都實施週休三日，並獲得類似的結果：Software Advisory Service 員工的生產力大幅提升三〇%，工作時數卻縮短了二二%。

我問羅琳，若其他公司也有意試辦週休三日，她會給什麼建議？她說：「你要有一套自己的評量標準。我們的口號是『如果無法被評量，就沒有改善的可能』。所以你目前如何評量績效？你對目前週休二日有何想法？成功的週休二日該是什麼模樣？未來實施週休三日後，你對成功的週休三日有何期許？以及你該怎麼達到目標？這些都是我優先考慮的幾件事。」

你可能想像不到一個以數字為導向、以業務為重的公司竟然會實施週休三日，但實際上，追求行銷公司有清楚的指標，聚焦於有意義的參與而非單純求量，注重不斷求進步的企業文化。這意味著儘管「每個人看重績效，因此心無旁騖，但他們清楚週四晚上週末就開始了，也知道自己過了充實的一週。」羅琳道。

究竟為何效率低落

許多創辦人不滿傳統職場效率不佳，有意試辦縮短一週工作日，希望最大化自己和（員工）的每日表現與產出。安妮・泰佛林發現：「每次在辦公室辦公，總是有一、兩個小時效率不怎麼高。多數人可以在五、六個小時內完成交辦的事，甚至還多做了。」對創辦人而言，工作過度不只糟糕（因為這會耗損員工的壽命），也令人不悅（因為沒必要也可以避免）。

對於程式開發人員，效率低最常見於明明想要全神貫注、卻被讓人分心的事物與障礙打斷的情況。費城軟體公司 Wildbit 共同創辦人納塔麗・納格里（Natalie Nagele）說：「我無法告訴你，到底有多少我面試過的人表示『我晚上工作效率最佳』。晚上工作效率之所以最佳，是因為白天你沒空做好分內的工作，對吧？設計軟體時，若要做到最好，必須有個不受干擾的空間和一段時間，全神貫注。任何分心的事物都會花掉你當天數小時的時間，非常令人沮喪、洩氣。」對軟體公司而言，一週工作四天的吸引力在於幫助團隊專心，減少干擾，注意力集中較容易進入渾然忘我的心流狀態。

有時，為了提高個人生產力而進行的實驗（軟體工程師尤其熱愛這種實驗），點燃了改革組織的火花。柏林的軟體公司 Planio 創辦人簡・舒茲－霍芬（Jan Schulz-Hofen）告訴我，他們「在二〇一七年初開始一項實驗，包括週五不工作、不看筆電、不看太多的電子郵件等等」。Planio 是雲端軟體服務公司，提供雲端生產力工具與協作軟體，所以他們大量思考工作流程及改善方案。舒茲－霍芬「很快就發現，多休一天真的能幫助我恢復注意力、重新充飽電，大幅提高週一至週四的工作效率。所以我建議整個公司開始試辦每週少上一天班」。

平衡工作與生活

有些領導人也希望每週多休一天之後，員工較不會覺得被資方剝削壓榨，也更能平衡工作與生活。對某些人來說，這意味著推翻工作重於休息、忙碌重於休閒、根據經濟生產力定義自我的文化常規。簡・舒茲－霍芬說：「我們有各式各樣的工具提高生產力，但我們並未把多出來的時間拿來享受。」在當今的工作環境裡，「我們把空出來的時間塞入更多工作，而我想要找出不一樣的工作方式。」

摸索的過程中，該如何更周延地應用科技是很重要的一環。總部位於英國格洛斯特（Gloucester）的 Radioactive PR 創辦人里奇・雷伊（Rich Leigh）認為：「科技理應有助於改善工作與生活之間的平衡點，實際上卻不進反退（若說跟之前有任何差異）。你會發現，到了晚上十一點，你還在回覆電子郵件。真是可悲。一週做四休三有助於帶動改變。」我們都不會對這樣的悖論感到陌生。行動裝置理應讓我們方便、有彈性地在任何地方工作，結果卻變成期待我們在任何地方都得工作。二〇一七年蓋洛普的一項調查發現，四七%的美國勞工下班後偶爾或經常檢查電子郵件。另一項研究發現，四六%的受訪者一早醒來還沒下床，便先查看電子郵件。誠如維吉尼亞理工大學教授威廉・貝克（William Becker）所言，這現象把世界從「有彈性的工作界線」（flexible work boundaries）變成「工作無界線」（work without boundaries）。企業領導人鼓勵公司善用科技與工具，既提高生產力，也為員工創造更多空閒時間，而推動做四休三的目的是改變「工作無界線」的模式，並根除變成那種模式的不自覺習慣。

在激發靈感的階段……

你已見識到形形色色的公司成功縮短了工作週，接下來幾章，我們會詳述他們是如何辦到，以及付出了哪些代價，又得到什麼好處。現階段，我希望你發現做四休三是值得研究的課題，如果你剛好碰上以下這些問題：

- **身心俱疲**。對於創辦人與公司領導階層，做四休三後更有時間休息與充電；有助於貫徹組織紀律，也給大家充分的理由發展減壓方案，消除疲勞的身心。
- **聘人與留人**。因應整個產業留不住人的問題，公司祭出縮減工時來因應，也藉此和其他更大的競爭對手搶人，或是吸引更有經驗的員工。
- **平衡工作／生活**。經過數十年的實驗，顯而易見，就連公司一些善意的計畫都難以改善工作／生活失衡的問題。多數公司都期望員工（尤其女性）認真工作，彷彿他們還是單身，同時全心全意扶養孩子，彷彿沒在上班。如果他們無法兼顧兩者（把工作做到最好，又能把家庭照顧得無微不至），社會就會指責他們。假使用到公司的顧家方案（例如請育嬰假，以便有更多時間和小孩相處），又會受到刁難或懲罰。做四休三提供了更簡單、更徹底的辦法，改善工作／生活失衡的現象。
- **組織的永續性**。許多領導人開始思考縮短工時，係因自己有需要，以免工作過度把自己累垮；其他領導人決定縮短工時，希望留住表現傑出的人才，不希望他們被壓榨到身心俱疲。因為留得住人，公司可以累積可觀的集體智識，也願意耐心開發需要多年才會成熟的產品。
- **創意**。遠離辦公桌，騰出時間接觸新穎的想法，嘗試新的體驗，或只是放任想法在潛意識萌芽，這些對於刺激及延續創意都很重要。公司可以將創意視為原料，員工則是礦脈，被公司不斷開挖，直到挖空為止，然後像廢坑一樣丟到一邊。公司也可以把創意視為永續資源，擬定策略，讓員工持續充電，不斷冒出新的創意與想法。

若上述問題是你本人、你的公司、你的員工、你的同仁必須面對解決的課題，那麼縮短工作週或許值得考慮。

雖然改採一週做四休三，或是縮短一天工時的公司多半集中在少數幾個產業，但大家千萬不要認為**我的產業做不到**。幾年前，沒有一家餐廳一週只營業四天，也看不到一家化妝品公司、金融服務公司、電話客服公司週休三日。必須有人帶頭示範。許多已經踏出第一步的公司並無可借鑑與師法的前例：他們是同行的第一個，或是該國的第一個，甚至是相同規模公司的第一個。誠如我們所見，根據設計思考力而縮短的工時模式有助於降低一開始的風險，也能快速讓你從成功和失敗的例子中學到經驗，然後加以複製或調整。

準備要放手躍進了嗎？是發布這個重大消息並制定相關計畫的時候了。

第3章 創意動腦

進入設計思考的第三階段——創意動腦，設計人開始探索產品或組織可以如何改造並轉型。他們重新架構了問題，做足了研究，所以知道該如何進行，也明白什麼條件會左右並定義這個新產品，產品應具備哪些關鍵特質、激起哪些情緒。現在可開始草繪一些概念。

對希望縮短工時的公司，這個階段必須開始認真思考公司該採取哪些步驟，才能邁向做四休三。此時，大家開始找出公司營運欠缺效率之處，員工的時間是怎麼被花掉的，哪些作業可以自動化，哪些應該被淘汰。此時，大家應該集思廣益，找出公司可能遇到的難題與瓶頸，公司應該培養哪些文化常規和新的行為模式，以便縮短工時的計畫順利上路。

這個階段最重要的或許是，思考這些問題的人，從一小群決策者擴大到整個團隊。這時，開放切磋與討論絕對必要。公司也必須思考非常務實又平常的小事，諸如沒人時該由誰代接電話，如何管理截止日期。此外，也要顧及非常深入的問題，例如產能提升後的好處該如何分享？這些都需要領導人與員工一起集思廣益。

雖然是領導人下決定試辦做四休三，但組織裡每個人都必須參與，找出如何成功推動這項計畫。這需要每一個人貢獻想法，思考如何跨出第一步。

英格蘭，倫敦，坦納街

泰絲．沃克告訴我：「我在二〇一二年創辦 The Mix，希望瞭解人類行為，從一開始我們就明白，公司的營運方式會包含大量實驗，不斷嘗試新事物，作業方式也異於傳統。」我們兩人坐在 The Mix 的會議室。該公司位於倫敦東南部的伯蒙德賽區（Bermondsey），該區矗立著維多利亞時代所建的商品交易中心與倉庫，而今這些建物內滿是創意工作者。她說：「我們創業的初衷是『如何更理解人類？』如果你跟我們一樣對行為經濟學有興趣，你會著迷於『人為什麼會做某些事情？為什麼他們會喜歡某些東西？進入市場時會做什麼？』」她說話時，我朝牆上看了一眼，上頭掛著普林斯頓大學經濟學家康納曼的照片，照片已被修成宗教聖像的模樣。

她接著說：「我們整個業務就是繞著理解人打轉，找出理解人的新穎方式，協助我們探索在今天這個世界，身而為人到底是什麼模樣、人的極限在哪裡。作為一家公司，我們始終以人為焦點，因為做生意有時多少會迷失。這讓我們思考**自己**在 The Mix 做了什麼，**我們**身為人的修養如何。所以我認為，我們一直有意識地鼓勵**這裡**的人嘗試找出表達他們人性的工作方式。」

泰絲二〇一二年成立 The Mix 之前，在廣告界待了將近七年。The Mix 的客戶名單非常亮眼，包括普瑞納寵物食品公司（Purina）、雀巢、思美洛酒廠（Smirnoff）、Polo 等知名品牌。但是她說：「經營一家公司是辛苦差，壓力超大。我讀過一篇報導，稱實業家精神崩潰的機率超高。一年半前，創業將近四、五年，我覺得**累了**。與其他人談得愈多，你愈會發現，要兼顧生活所有大小事，實在困難重重。我覺得太辛苦了。從公司、委託人、客戶身上都看得到這點。

「但我是這家公司的老闆，我們可以嘗試不一樣的東西。若個人沒什麼收穫，沒有道理盲目地做下去，讓自己沒有最辛苦只有更辛苦。」泰絲、共同創辦人奧斯丁・艾爾伍德（Austin Ellwood）、總經理潔瑪・密契爾（Gemma Mitchell）三人，一邊自行探索，一邊針對 The Mix 提出類似的問題。「我們最後有了這樣的對話：『等一下，我們想要怎樣的工作方式？也許可以不一樣，也許可以試試其他工作方式。』如果我們公司的價值是人，希望保持我們的人性，我們就無法每週工作五、六十小時，還宣稱自己是這方面的佼佼者。」他們三人花了數月分析、研究各種模式：不時放半天假、在家工作、彈性時段上班。

她告訴我，最後的結果是「我們總結了三個方案」。「一個選項是讓員工彈性上班；第二個選項是週五可以有半天假；第三個選項是做四休三。我很緊張，我真的非常緊張，因為我想：『嗯，做四休三，這對一家企業而言，相當大膽激進啊。』你知道我開公司，當然希望公司賺錢，但週休三日有其風險，而且是很大的風險。不過我們分析研究了一切，除了週休三日，其他方案感覺都是半弔子。所以儘管週休三日有風險，我們還是認定這是正確的走向，值得放手一搏，因為夠大膽激進。這對我很重要：改變應該有足夠的破壞力，不光是維持原樣、縮短時間而已。所以我們決定大破大立，告訴自己：『好吧，我們要嚴肅面對這項改變，要做就好好做，而非做一半。』」

他們將這想法呈報董事會，獲准進行週休三日的實驗。泰絲繼而在公司全會上宣布了這項計畫。

設計師大衛．史考特（David Scott）回憶：「週休三日的決定是在一次會議上布達，當時與會者正在討論各個不同的專案，針對哪些可行、哪些不可行交換意見。」

潔瑪．密契爾說：「我們不知道員工對這項計畫的接受程度，所以我們在計畫上路前的一個月向員工布達了這項措施。」

泰絲說：「老實說，我當時預期大家會狂歡尖叫、雀躍地互相擊掌，你知道，就是興奮到不行，但實則不然。」

大衛說：「有人持懷疑態度。」

泰絲補充：「我想大家的反應多半是『等一下，給我一分鐘弄清楚這到底是真是假，還有這到底是怎麼回事』。」

做四休三給大家的第一印象

獲悉公司要試行做四休三時，疑慮、不可置信是員工普遍的第一反應。當企業對外宣布要縮短每週工作天數，有些新聞報導指稱，員工反應樂不可支，不過實際上，多數時候，員工對工時新制的第一印象是心存保留或疑慮。

拉塞・萊因根斯（Lasse Rheingans）接管德國設計暨數位諮詢顧問公司「萊因根斯數位」兩週後，他在公司全體會議上宣布，將試辦一天工作五小時。他回憶說：「員工以為我在嘲弄、揶揄他們。全場頓時鴉雀無聲，大家尷尬地不知該大笑、尖叫或開心地接受。但我非常認真看待這事，所以我告訴大家：『我是說真的。我在推行一個實驗，大家每天只要工作五小時，其他一切不變——薪水照舊、休假日照舊。我們先試辦幾個月，就當成實驗。』」這才打破了僵局。「我想大家之前讀過一些有關改變工作環境的瘋狂想法，應該樂見我這個怪怪的新老闆嘗試一下。」

在 Radioactive PR 公司，創辦人里奇．雷伊透過公司備忘錄告知員工將試辦週休三日。他說：「我發現自己在書寫時思緒最清楚。」而備忘錄給了他機會解釋自己的想法，也回答一些基本問題。寫完之後，他用電子郵件發送給員工：

寄信人：里奇．雷伊
日期：二〇一八年六月十四日，下午三時二十二分
收信人：工作團隊
主旨：公司會有些改變
請撥冗閱讀附件，然後下樓到會議室，我們可以一起討論、交換意見。我感覺你們希望……

里奇先下樓，幾分鐘後，大家也跟著他魚貫進入會議室。他說：「大家第一個問題是：『這是在開玩笑嗎？』我回道：『絕對不是，還有其他問題嗎？』」

位在英國英格蘭諾維奇的行銷公司 flocc，以設計為主要的營運項目，該公司的董事長馬克．梅里衛斯特（Mark Merrywest）在公司員工旅遊上宣布，公司將試行每日上班六小時（公司前身是 Made，二〇一九年更名為 flocc）。他回憶，有一次舉辦某個活動時，

請大家提議如何改變公司的營運方式，他在黑板上寫下：**我們希望每天上班六小時，要做就從現在開始**。

他告訴我：「大家一副不可置信的模樣。現場安靜無聲，大家冷靜地盯著黑板目不轉睛。」

馬克問大家：「怎麼了？你們有什麼想法？」

一個人舉手問：「你在開玩笑對吧？」

馬克回道：「當然不是，你為什麼這麼問？是覺得有什麼問題嗎？難道你們不想這樣做嗎？」

在其他公司，員工想知道薪水是否會隨著工時縮短而減少，甚至懷疑公司營運是不是走下坡、陷入困境。由於這些問題會讓員工天馬行空產生各種聯想，因此，「一定要透明，立刻說清楚週休三日是怎麼回事，畢竟壓力及各種期待會隨之而來。」泰絲說道：「所以我們必須和所有人說清楚講明白，強調無關減少薪水，也無關削減成本。」

flocc 的業務開發總監艾蜜莉．衛斯特（Emily West）解釋：「員工的薪水不變，這點真的很重要。有人擔心我們做得不夠徹底；擔心客戶會生氣；擔心時間被壓縮，所以壓力驟升。但實情並非如此。」不過馬克說，也有人好奇想知道，「我們要怎麼落實新制？我們需要往什麼方向走？大家需要一起做什麼才能順利落實新制？」

員工態度保留也點出了另一個問題。許多人在工作中找到了人生意義，或是在工作中結交到好友，加上研究發現，失業或退休族較可能罹患憂鬱症。所以公司若把一週工時縮短二〇%或二五%，是否會讓員工的快樂指數下降二〇%或二五%？失業無疑不利健康與荷包，而從事兼差或按時計薪（zero-hour contract）工作的人，承受的壓力似乎高於全職雇員。失業的人不會整天無憂無慮地吃喝玩樂，他們傾向於睡更多、看更多電視，也更容易出現憂鬱症的症狀。一些退休族甚至發現，沒工作其實並非全是好事：他們懷念例行公事、定期與人打交道、工作賦予的使命感。

但是工作時數跟生命意義和快樂幸福之間存在直接的線性關係嗎？所幸劍橋大學的一個小組一直在研究這個問題。他們參考了英國家庭縱向研究的數據，分析工作時數與快樂幸福感之間的關係。研究的對象超過七萬人，研究時間超過十年，有些人是全職、有些是兼差，研究期間有些人一直是受雇的狀態，許多人的就業狀態則是時有時無。

研究員發現，每週工時八小時左右，快樂與幸福感攀升到最高點。但每週工時再拉長，快樂與幸福感並不會增加。有工作可降低罹患精神疾病的風險，但相較於工作二十小時（掌控收入這項變數對快樂的影響），工作四十小時不會讓你的快樂程度倍增。所以每週工時降至三十或三十二小時，對於降低快樂幸福感的風險少之又少。

在第一次會議上宣布週休三日後，The Mix 的領導階層給了自己一個月時間擬出施行細節。潔瑪．密契爾開了一系列會議，思考如何落實做四休三，也讓員工有機會提出他們的疑慮。大衛．史考特說：「大家認為五天的工作量必須壓縮到四天做完，我想這讓很多人打退堂鼓。」

一一打通可能面臨的關卡、提出問題並想出解決辦法，可以安撫大家，最害怕的疑慮並不會成真。泰絲．沃克說，一開始，「大家擔心自己無法面面俱到。」她面臨五花八門的問題。「壓力會更大還是降低？我知道如何在五天內完成現在的工作，但變成四天後，我該怎麼做？我們可以從中得到什麼？薪水真的照舊嗎？還有其他什麼事情是我們不知道的？」仔細思考當前工作日的結構，找出造成摩擦或效率不彰的根源，仔細想想若能改善效率不彰，能否將讓人卻步的週休三日變成讓人期待的改革。泰絲說：「我們花了數週不斷討論，然後才開始走流程，目的是先確定大家對這項改變感到安心。」

潔瑪．密契爾回憶說：「我們聚集起來，先做了強弱危機分析（SWOT analysis），試問：『縮短工時對我們這個組織有何意義？』以及『縮短工時對於個人有何意義？』在四週的時間裡，我們開了四次會，分析會遇到哪些風險，作為團隊該如何協作一起管理這些風險，以及萬一要落實更多項目，哪些會令人興奮、哪些則更具挑戰。」

常被提出的一個問題是：「對於**想要**維持正常工時的人，該怎麼辦？」數家公司允許偏好一週工作五天的員工繼續上五天班。在追求行銷公司，想突破工時上限，賺更多額外獎金的員工，公司仍讓他們週五上班，沒有人會阻止他們。不過在其他公司（尤其是大型公司），每個人都採用新制。畢竟若是員工不願做四休三，那麼週休三日帶給組織的好處就無法體現。

持平而言，這樣的轉變需要一些調適。澳洲餐廳 Attica 主廚班恩・修利（Ben Shewry）說，改採週休三日後，「不誇張，我們只差沒派警察嚴格執法。」他在二〇一八年丹麥哥本哈根登場的年度「MAD世界名廚與餐飲業者論壇」（MAD Symposium，MAD 在丹麥文中意為食物）做上述表態。一開始，工作人員會提早兩個小時出現，修利就會趕他們出去，說：「出去，喝杯咖啡，隨便怎樣都好。」他從十四歲起，每週工作七十小時，早已習慣操勞，所以他能理解大家的不解與困惑：「對他們而言，這真的是很大的文化變革，因為他們從來沒有這樣工作過。」金逢進也碰到同樣問題，優雅兄弟改採一週上班四天半後，剛開始幾週的週一早上，他都得趕人。

尤其是年輕員工，預期的工作時間應該很長。他們也許有朋友經常加班，所以覺得這是工作**常態**，認為藉此才能快速累積經驗、被老闆看見。誠如娜塔莎・吉列佐（Natasha Gillezeau）在《澳洲金融評論》（*Australian Financial Review*）中所言：「不同於之前的世代，拜無所不在的智慧型手機之賜，多數千禧世代從來不知道區隔工作與生活。」我們的挑戰是協助他們關機與休息，換個角度思考如何駕馭而非轉移對工作的熱情。我們懷著一致的想法，參與了這些實驗，經過多年或數十年之後，這些想法內化在我們骨子裡，認為長時間工作是成人必經的儀式或一種理所當然的生活方式。

這可是一大挑戰。其實我訪問過位於蘇格蘭格拉斯哥的旅遊行銷公司（Tourism Marketing Agency），該公司應年輕員工要求，放棄每日六小時工時的制度。該公司由克里斯・托雷斯（Chris Torres）創辦，創辦之初，業務涵蓋幫旅行社代理網路行銷及網路開發。採每天上班六小時制期間，公司應用了番茄鐘（Pomodoro）等提升專注力與工作效率的軟體。二〇一八年，網路開發的業務被分割出去，更名為旅遊行銷公司。留下的員工多半是年輕人，對行銷並不熟悉，便要求恢復一天上班八小時，這樣上班時可輕鬆些。

選擇哪一天不用上班

公司首先要回答的大問題是：「應該多休哪一天？」公司做這決定時，可依循很多人走過的路，但是他們都基於以下兩個考量做出選擇：

一、公司在週間的哪一天行動最慢、產能最低？

二、多休哪一天，能為公司帶來最大好處？

如果有一天是公司行動力最慢——達到的營收最少、產能最低，或是對客戶的影響與干擾最低，自然就選那一天休業。多數縮短工時的企業採週休三日制，對他們而言，最簡便的方式就是週五不上班。他們表示，這是一週裡行動最慢的一天，以及客戶最不可能來電抱怨哪裡出問題。一位倫敦代理機構的資深人士告訴我，在公關界，大家都在有小週末之稱的週四夜晚聚餐，週五上午上班時仍在宿醉，所以午餐前只能處理一些瑣碎不重要的公事，趕在下午啤酒行動車出現前再多做一些。這也和日報或週刊出刊的節奏一致。客戶這時候最不可能打電話來，而「新聞記者週五也最沒空，很難聯絡到人」。因此公關界老將里奇．雷伊說：「週五沒有任何積極或主動性的出擊。」

該選擇多休哪一天

The Mix，泰絲．沃克：

我們的客戶中，多數要嘛週五休息不上班，要嘛讓員工在家工作，也不選這天開會。週五是一週之中最不可能接到客戶緊急來電的一天，所以這天我們不必聯繫客戶。

蟑螂實驗室，史賓塞．金伯爾：

在 Google 位於矽谷山景的總部，員工舉辦「感謝主，今天是週五」的活動，交換公司最新資訊，邊喝啤酒邊閒聊。事後，同事還會相約到別處續攤。但是在紐約的辦公室，Google 旋即發現，每到週五下午，沒有人還留在辦公室。夏天，大家會覺得：「我必須離開這裡到漢普頓。」或是「為什麼週五下午五點，我還得和同事喝啤酒聊天？我還有其他更重要的事要做。」這是紐約人的態度。因此，有必要想想大家週五實際完成了什麼業務。如果是夏天，我認為完成的事還真少。如果不是夏天，週五也是產出最低的一天。所以如果考慮給員工增加二〇%的休假時間，你很可能會選擇週五，畢竟這天大家會很自然地減少工作量，或是乾脆請一天假，給自己完整的三天連續假期。我們資方也希望避免四天工時達到一二〇%的問題，輕鬆的解決辦法是多放一天假；既然定義明確，大家就會接受，而大家也的確接受了。

flocc，馬克．梅里衛斯特：

我們研究過週休三日，有兩個原因決定不這麼做。首先是客戶服務覆蓋率（client coverage）。我想假以時日，聘雇更多人服務客戶後，覆蓋率會更好。但是目前我們確定，九時至十二時及一時至四時，絕對不會漏接任何一通客戶的電話，客戶隨時可以找到我們。有時候，他們第一次來電可能沒有接通必須再回電一次，或是我們必須另外做些什麼，但是我們有語音郵件、電子郵件，所以一週裡幾乎所有來電都有人回覆。

其次，我希望工作團隊能夠百分之百投入工作六小時，時間一到就下班回家。他們辛苦工作了六小時，你看著他們，從他們的眼神與姿態，會發現他們確實盡了全力也十足專注，時間不可能再拉長了。所以如果做四休三，每天工作八小時，專注力一定不及每天六小時的專注力。我看不出四天工作八小時的產出會和五天工作六小時一樣好，因為人每天可全神貫注的時間有其極限。

對於製造商和線上零售商，選週五休假也算合理。英國哈里斯五金公司（AE Harris）的總經理約翰・史洛揚（John Sloyan）說，改制為週休三日前，他發現週五出貨的好處不大，因為客戶週末不營業，無法收貨（請參閱九九頁公司簡介）。遠在另一端的澳洲，Kester Black 彩妝公司創辦人安娜・羅斯說，週休三日後，「所有打包與出貨都在週四前完成，意味著我們的產品可以更快送到客戶手中，而非在週五取貨，週末放在快遞公司等著被分類與派送。」

在其他公司，工作多半在週四完成。當追求行銷公司考慮實施週休三日時，派崔克・

伯恩分析了業務員何時完成每週指定的營業額。電話客服中心非常清楚員工的表現，伯恩發現，「九〇％員工在週四左右達標，而剩下一〇％未達標的員工，週五來上班也多半無法達標。」因此維持週五上班，既無助於業務員做最後衝刺、補足業績，對公司獲益也無濟於事。

ELSE 計畫擁抱週休三日時，員工很快意識到，既然他們負責的專案往往要數週、甚至數月才能收工，辦公室可以選擇任何一天熄燈關門，不用擔心造成客戶不便。但華倫・哈金森解釋，大家希望全體同一天休息，確保團隊在週間其他日子能夠「一起出現在辦公室」。有些員工得常出外勤和客戶會面，所以沒有人希望辦公室唱空城計。大家同一天休假，「可保證至少週間大家會一起出現在辦公室。我覺得這很重要。」大家也擔心，如果只是縮短每日工時，影響所及，可能不太有時間發展專業，而「週五放假在家做自己想做的事，無疑是延續及實現熱情的最佳方式」。所以週五放假等於是變相的善用週五，畢竟週五上班往往是產能最低的一天。

如果找不到產能最低的一天，不妨自問，哪一天放假可帶來最大效益？對許多公司而言，週五放假之所以吸引人，是因為這天能讓員工有最多的時間恢復體力。Aizle 餐廳總經理潔德・強斯頓說：「每天忙得昏天暗地，唯有透過餐廳窗戶往外看，才能見到白日，所以只休兩天是不夠的。對員工而言，五天中，除了工作，完全沒有休閒時間：下班回家、睡覺、睡醒、回餐廳上班。所以你需要三天休假，才有時間探視家人，見見朋友。」

有些公司選擇在週二至週四的某一天休息，避免連休三天太久、打斷作業，也可以讓員工在週間喘口氣，和客戶保持緊密聯繫。位於倫敦的行為顧問公司 Kin&Co 自二〇一六年底開始週三下午不上班。執行長羅絲・華林（Rosie Warin）認為這可以讓員工休息充電，又不會打斷對專案的熱勁。自從落實這項新制後，該公司合作的客戶，包括食品業巨頭達能（Danone）、O2、世界自然基金會（WWF），也策畫了廣受歡迎的留歐運動「我們是歐洲人」（We Are Europe），年成長率激增了五〇%。七四%的員工表示，週四與週五的工作效率奇高。專案經理詹維・古德卡（Jhanvi Gudka）說：「它改變了公司的文化。」Kin&Co 對五百位執行長進行有關縮短工作週的問卷調查，發現五二%受訪者認為「週休三日對他們的公司沒有好處」，八〇%的受訪者看到週三下午放假對員工的好處，七〇%的人表示願意親自試試。羅絲認為，直接跳到週休三日「對許多大型企業來說，是過大的一步」，所以先從週三下午不上班開始，「可能更務實。」

有些公司必須營運五天，對內員工之間得互相協調，對外也要配合客戶，這樣的公司安排週休三日可能會複雜一些。

例如，英國醫療通訊公司 Synergy Vision 有穩定的長期客戶，客戶習慣速戰速決編輯或設計上的任何變動，所以菲歐娜・道伯認為公司必須保持五天營運，即使員工當時已經開始週休三日。因此，員工必須根據專案到期日、生產時間表、同仁的時間表等調整休假日。她說：「如果你一直想要休週五，那是不可能的。」不過週一和週三也頗受大家青睞。同理，在 Wildbit，支援小組成員要嘛休週一，要嘛休週五。這麼一來，電話服務熱線在正常上班時間隨時有人接聽，大家又都能週休三日。

另一種模式是減少員工上班時數，但是拉長公司營運時間。在瑞典第二大城哥德堡（Gothenburg）的豐田中心（Toyota Center），修車工的工時縮短為六小時一班，但公司營業時間提早並延後關門。芬蘭市政府在一九九〇年代後期試行「6＋6計畫」，將員工的每日工時從八小時縮短為六小時，但市府辦公時間則從八小時延長為十二小時。新制一來縮短了員工每週工時，卻不會對客戶造成不便（需要基本服務的市民對辦公時間可是非常敏感）。

金逢進在優雅兄弟落實每週三十五小時工時後，決定延後週一的營業時間，而非選擇週五提早收工，理由如下。首先，他希望最優秀的員工能好好休息。他說：「優秀員工通常會做很多事，不會在週三或週五休假。」他也曾考慮這兩天選一天休。若你每週工作沒有告一段落，你不太會考慮休假。再者，金逢進說：「在南韓社會，民眾往往無法在週末休息，因為他們必須參加婚禮、生日派對、教會禮拜。」週一早上不營業，讓大家有機會好好休息，恢復忙碌週末透支的體力，「也給他們自己一些思考時間。」他跟我說：「因為你是作家，你一定瞭解獨處時間有多重要。」我點頭同意：「週一早上對這裡的員工也很重要，因為他們可利用這段時間閱讀與思考。」最後一個理由是，晚點上班也讓「週一上午憂鬱症」不藥而癒。

選擇多休一天而非縮短每日工時的另一個理由是：這是更激進的作法。記得泰絲．沃克的話嗎？「我們分析了所有選項，除了週休三日，其他看起來都是半弔子。感覺『我們只是做一點點，試試水溫。彷彿拍拍你的背表揚一下，並非真的前進。但**這次是一百八十度大改變**。』」

因此公司選擇哪一天休息不營業（或是決定該怎麼讓員工多休一天），一部分取決於公司所屬產業的時間流（flow of time）、客戶的時間表與需求、工作的節奏等。此外，也會受內部的需求左右：員工希望新的上班時間與之前截然不同（如 The Mix），還是不希望如此（如 Kin&Co）；員工與領導人有多重視週末連休三天；一週有哪一區塊最可能讓員工好好休息、恢復體力（想想優雅兄弟延後週一的上班時間）；他們希望給員工什麼樣的額外休假。

公司簡介

哈里斯五金公司

公司在一八八〇年成立於英格蘭伯明罕，一九七九年由創辦人的孫子羅素．拉寇克（Russell Luckock）接棒經營，實施週休三日已超過十年。密德蘭區的五金加工廠一向有其景氣循環週期，實施週休三日，代表公司出了問題：諸如減產與削減開支，營業額下滑，往往是裁員與永久關廠的序曲。在一九七〇年代規定必須週休三日後，哈里斯五金公司挺了過來（拉寇克數年後坦承，這措施「重創了現金流」）。一九九〇年代，來自中國有增無減的競爭，以及訂單放緩，迫使拉寇克裁員，將員工數從一百七十五人減為四十人。二〇〇〇年代中期，他擔心另一波經濟衰退已在蠢蠢欲動。

同時間，總經理約翰．史洛揚分析公司的營運，發現：「從邏輯上判斷，我們的客戶不會在週六或週日收貨，所以工廠鮮少在週五出貨。」他透過電子郵件告訴我：「就財務而言，我想知道，週五上班半天在財務上是否合理，畢竟上班就要開暖氣與照明，但出貨及售貨卻都是零。」

拉寇克與史洛揚在二〇〇六年開始討論實施週休三日，週一至週四每天上班九小時，這麼一來，員工薪資照舊，但公司可省下二〇%的電費，並提高機器效率，因為縮短了機器啟動（每天早上須先加熱沖壓模具）和機器作業的時間比（週休三日不僅對哈里斯有吸引力，其他製造商也躍躍欲試，因為可省下啟動機器的電費。在一九六〇年代與七〇年代，許多美國工廠試行週休三日，藉此減少開機與關機造成的電費損失。不僅是耐久商品或金屬製品得承擔這些成本：愛沙尼亞巧克力製造商AS Kalev自二〇〇〇年代中期也開始實施週休三日，每天上班時數則增加至十小時，為的是省下加熱巧克力的電費）。拉寇克與史洛揚將這項決定交付表決時，九〇%員工同意改變。

通知客戶後，經過三個月磨合，哈里斯開始週休三日。約翰回憶道：「令我們驚訝的是，員工無異議接受新制。」新制實施後，員工缺席率下降，因為較少請病假。員工也可利用週五去辦理繳費等私事。拉寇克寫道：「員工真的很開心週末有連續三天的假期，尤其是春天與夏天。」一開始，前台在週五仍得上班，以免沒人接電話。拉寇克補充：「時間久了，我們的客戶與供應商瞭解，我們公司在週五並非全面正常運作，所以不會特別聯繫我們。」公司的確會漏接幾通來電，不過約翰說，「多半來電是想要向我們兜售東西而非買東西」，所以這根本不是問題。

降低成本與員工流動率也讓他們打入少有競爭對手的利基市場。在傳統的五金產業，由於整備成本（setup costs）較高，所以大訂單比較吃香。小而巧又需要發揮創意的五金製品，造價太高，很多五金廠不予考慮。約翰告訴我，靠著較低的生產成本及技巧更成熟的員工，公司能夠「專注於少量生產、量身訂製、百分之百全訂製的工程」，「靠著生產其他人往外推的產品而賺錢。」

如果你的生意就是不能關門，怎麼辦？每個人多少都覺得自己不可或缺，認為自己的生意猶如光速，一飛沖天停不下來，但有些組織的確必須一天二十四小時不打烊、全年無休。護理師、警察、塔台航管員、急救員等，必須全天候找得到人，因為要嘛大家需要他們二十四小時的服務，要嘛不知他們何時會派上用場，所以得未雨綢繆備著。如果你縮短醫院或消防員的工時或輪班時間，就必須增聘人手，才能讓機構每天都維持二十四小時營運。你無法將八小時的護理時間縮短成六小時。

但即使在二十四小時營運的單位或組織，縮短工時也會有可觀的回報。美國維吉尼亞州的長照中心格里布（Glebe）的護理師助理，如果準時上班，不臨時請病假，或是達到其他目標，工作三十小時即可獲發四十小時的薪資。據估算，中心每年花一四五〇二三美元在三十／四十計畫上，但是花小錢卻省大錢，因為徵人、加班費、雇臨時工等更花錢，所以三十／四十的淨成本大約只有二萬三千美元。這還未計算其他節省的費用，諸如病患因為護理人員不足而意外受傷，院方要花的醫藥費及看護費。

此外，在執法單位，縮短輪班時間雖然會增加直接成本，卻有間接的好處。我們都清楚，疲勞與睡眠不足會影響我們做出正確判斷，還容易動怒、抗壓能力下降、作弊衝動升高。史丹佛大學教授威廉・狄孟特（William Dement）在二〇〇〇年說過，由於男子氣概文化使然，剝奪睡眠被視為員警工作的一環。低薪迫使許多警察兼差、輪班、強制加班，所以警察「是社會上疲勞問題最嚴重、睡眠條件最差的職業」。睡眠不足的警官反應變差，決策能力受影響，更容易捲入嚴重的交通事故，長期失能或罹患慢性病。出現身心俱疲跡象的警官也比較容易在值勤時爆粗口或動粗。如果減少員警輪班時間，雖讓警局每年多花數十萬美元，但可省下數百萬美元的訴訟費（因為一名員警在十二小時輪班近尾聲時，做了錯誤決定而吃上官司），或是可少讓一名員警疲勞駕駛（前一晚可能整夜巡邏），或是省下一些醫療保險支出。兩相權衡下，警局應該想也不想就掏腰包付了這數十萬美元。

同樣的道理也適用於醫院，多花些金錢縮短醫師與護理師的工時，或是讓他們有固定的工作時段。多雇些人確實要花錢，但平常雇用臨時工或招募員工時，也都要花錢。此外，員工流動率高，更會增加間接成本。

最後，根據實施週休三日的政府機關表示，水電費變少了。二〇〇八年，猶他州州長強・亨茲曼（Jon Huntsman）決定實施週休三日，每日工時十小時，維持一週工時四十小時，週休三日的模式一直實施到二〇一一年九月新州長上任為止。在這三年間，猶他州政府省了五十多萬美元的水電費，能源使用量減少了一三%，該州一．八萬名公務員每年省下的天然氣費用高達六百萬美元，相當於替全州每位公務員每年加薪一百多美元（該州也減少排放一．二萬噸二氧化碳）。

自由星期五＝投資時間

另一個選項是公司維持每週營運五天，但保留其中一天用於精進專業。不同公司，說法也不一樣。在蟑螂實驗室，取名為「自由星期五」，思考機器人則稱之「投資時間」，ELSE 叫「遊戲日」。不過基本精神一致：花四天在客戶與常規工作上，第五天用於補充自己的不足、探索新想法、瞭解產業趨勢、把玩新科技和新產品。

蟑螂實驗室的「自由星期五」是借鏡執行長史賓塞．金伯爾在 Google 任職時，Google 給予員工的「二〇%自由時間」。該政策的目的是提供工程師自由支配的時間，做工作以外的事。他在 Google 時，將二〇%自由時間「花在研究分散式系統」，但是在蟑螂實驗室（該公司的雲端 SQL 資料庫軟體，也是在二〇%自由時間裡孕育出來的），他希望員工自由支配的時間能制度化、結構化，大家能自然而然利用這時間，而不是靠爭取才擁有。

在思考機器人，執行長皮特爾說，投資時間（investment time）的設計，意在鼓勵不斷地求進步。該公司試過不同版本的投資時間（例如每個月撥出連續幾天讓員工自由支配），讓每週班表更符合持續精進的精神。

在ELSE，每隔週五員工可以自由支配時間，做自己的專案；其他週五則是「耶！開心日」，可以完全休息不工作。華倫．哈金森說：「我們唯一的要求是：每個月一開始給自己定個明確目標，撥些時間讓它亮相，到了月底，再決定是否繼續。所以有人可能想了十多個研究專案要做，最後沒有一個有進展，或者在第三個月走運挖到寶，決定在接下來的月份繼續耕耘。」

自由星期五提供發展專業的機會。軟體工程界瞬息萬變，很多人一邊工作、一邊自我訓練，或是一邊進修。《紐約時報》與《連線》雜誌科技作家克萊夫．湯普森（Clive Thompson）告訴我，對他們而言，不斷自我進修既是專業上必需，也是「強烈的好奇心」使然。許多程式設計師因為「電腦螢幕上成功秀出『Hello, World!（你好，世界！）』字串，首次看到機器乖乖聽你指揮做事，自此一頭栽進程式設計的世界。這東西有股魔力，結合了創意與掌控欲，還能『點石成金』，讓某樣東西從沒有生命變成有生命，實在有趣得很」。不過多數工作要求學有專精，集中注意力解決眼前的問題，而這類工作的收穫與報酬也不多。如果你是「資料庫人員、前台職員、保全人員」，你的職責就是維持穩定、避免意外，這些工作少了令人興奮與著迷的魔力。湯普森說：「所以公司同意給他們二〇%自由支配的時間，簡直好到不能再好。」他繼續道，實際上，「我訪談過的程式設計師中，回到家裡或週末放假時不寫自己程式的人，少之又少。」所以自由星期五「確實彷彿拿到一張空白頁，充滿自由發揮的樂趣，享受從無到有的過程，也重溫第一次讓電腦秀出『你好，世界！』這行字串時，打從心底湧現的喜悅」。

自由星期五鼓勵員工培養找出好問題的嗅覺，以及探索值得大家進一步關注的新領域，這樣的嗅覺與熱情能讓自己與雇主都受惠。哈金森說：「我希望他們培養一些本事，找出自己擅長的主題領域、努力鑽研、抽絲剝繭，看看是否能從中挖到寶。」許多成功的產品、功能、修正程式，都發想於程式設計師的自由時間：Google 的 AdWords 與 Gmail 始於「二〇%自由時間」。Dropbox 同步功能的最初原型，出自一場週末的「駭客松」（hackathon，又譯「程式設計馬拉松」）。金伯爾開始鑽研蟑螂實驗室的雲端 SQL 數據庫，這計畫基本上屬於「晚上與週末的事」。

自由星期五協助公司的作業更周延、更屹立不倒。金伯爾說：「我們成立蟑螂實驗室，不希望它只是像其他添置手足球台的新創公司。我當然也不希望員工以公司為家，沒日沒夜地工作，我希望他們平衡工作與生活。皮特爾也說了類似的故事：「我們這個團隊，一定要空出時間回家，除了工作，也要兼顧家庭與生活。工作不是賣命，而是要細水長流。」

同時，他希望員工持續學習，將所學回饋到專業上。

自由星期五這類計畫一旦制度化，等於給了探索工作以外的新領域一個特殊待遇，最後公司與個人都能受惠。在公司的行事曆上做些創意性調整，讓員工在上班時間試錯、修補、改進（tinkering），每週都期盼週五的到來，而非必須擠出上班以外的時間，才有機會做自己想做的事（想像幾週後，「自由星期五」對員工會變得有多重要，畢竟他們平常做的淨是重要但例行的事項，或是一長串對企業重要卻繁瑣的工作）。自由星期五是一個大家樂見的例子，顯示每個人都能從中受益，前提是公司必須把允許員工自由發揮的自由時間制度化，並且開始用不同的角度思考生產力與時間的關係。自由星期五不僅提供員工時間摸索出原型，這倡議本身**就是**原型，顯示只要你開始重新設計公司或組織的時間表，說不定會出現意想不到的變化。

縮短工時vs.彈性工時

那麼用彈性工時取代縮短工時會怎樣？兩個選項看似差不多，都讓員工在時間管理上有更大的自主權，實際操作起來卻是天差地別。成功落實彈性工時的企業，可以根據現有的經驗，緩和轉型到週休三日可能的陣痛。哈金森說：「在ELSE，我們一直有彈性工時或遠距上班的方式。」所以整間公司第一次試辦週休三日時，「我們也多少做了一些實驗，所以知道這個難不倒我們。問題只是改變格式，讓每個人都可以參與。」對其他公司而言，讓分散在不同城市與時區的員工彼此協調配合，顯示他們在排程上有一定的專業，能幫助他們重新設計工作日的形態。例如香港人才發展顧問公司 at-rain，創辦人之一葛莉絲．劉（Grace Lau）說：「因為我們有彈性工時與遠距工作……自主管理已是公司的常態，因此改制為週休三日並不是太大的一步。」

不過對員工與組織而言，彈性工時與縮短每週工作日存在重大差異。彈性工時的重擔在於排程（scheduling），以及協調不同時段上班的同仁，所以重擔平均分散在每個人身上。彈性工時的政策無助於減少假性出席，也無法改變單身員工不滿當父母的同事趕著在五點零一分下班，認為這些已婚者未盡其職，把工作推給他們。誠如許多員工所言，「彈性」安排工時很容易變相為做得更多。遠距上班的員工比較需要隨時待命，在非正規的上班時間遠距參與會議。影響所及，**可能**為了配合公司，忽略對家庭的承諾。反之，縮短工時之所以成功，是因為全公司上下以及公司的規定都會跟著改變。不僅當父母的員工有更多時間照顧小孩；所有員工的時間都變多了。縮短工時有助於提升工作專注力，化解同事間因為上班時間不同衍生的摩擦，減少組織的麻煩。可預測性也營造了美國旅遊網站 Skift 執行長拉法特．阿里（Rafat Ali）所言的現象──「能夠靈活進出的彈性」，這點吸引了對工作以外的世界有極大興趣並全心投入的員工。

的確，實施彈性工時、但效果不彰的公司，也許可考慮改採縮短工時，讓每個員工有更多的自由時間，同時避免因為多種相互衝突的時間排程而中斷工作。澳洲數位行銷公司VERSA曾試行彈性工時，但是執行長凱絲・布萊肯（Kath Blackham）說：「大家請假的日子都不一樣，根本不可能」有效執行。讓大家統一休週三，讓公司全體回到一致的時間表，更易於安排會議，和客戶的溝通也更可靠。

公司簡介

Icelab：以彈性工時為基礎，進而邁向週休三日

麥可・漢尼在二〇〇六年與夥伴共同創辦了Icelab，公司位於澳洲首都坎培拉。自立門戶之前，他曾在傳統廣告公司任職十年。Icelab的主要業務是生產互動產品、設計應用程式、架設網站，目前在坎培拉與墨爾本都有辦公室，不過十四位員工多半採遠距上班。他告訴我，他成立公司後，「最想做的要事之一就是，屏除被最後期限追著跑的文化；我希望營造更放鬆、更能安靜深思的工作環境。」公司成立兩年後，他們試辦週休三日。他說：「我要的並非只是減少工時，更想多休一天。」此外，「一週工作天數從五天縮短為

四天，工作天數只減少了二〇%，但你的週末從兩天變成三天，多了五〇%，所以就數學的角度而言，這非常划算。」

實施一週工作四天後，一開始每天工作十小時，麥可說：「一天工作十小時不是不可能——我隨時可以一天上十小時的班，問題是我們有家人、有朋友。每天早出晚歸，錯過幫家人張羅晚餐之類的事。而且老實說，連續工作十小時，真的讓人吃不消。」他接著說：「每天多工作幾小時，我們也沒覺得產能跟著增加，所以試行兩、三個月後，大家便說：『這行不通啦，我們還是每天正常上班八小時吧，再看看情況如何。』」

麥可認為，每週上班四天對整體產能有利有弊。他說：「一週上班五天，相較於上班四天，整體產能也許會多一〇至一五%，但絕對不會超過二〇%。」但是，「上班四天的確有明顯的優勢。員工每週只要進出四次，亦即進辦公室喝個咖啡，然後收拾東西離開辦公室。我希望這種摸魚上班的天數可以少一些。」

多年來，Icelab 的員工多半採遠距上班，有時還遠在歐洲。麥可說：「公司七五%的員工利用 Slack 或 Basecamp 遠距開會，而非在同一個會議室。」遠距工作的經驗有助於轉換到一週上班四天的陣痛與不適：少上一天班之後，無需大砍該開的會，或是大幅改變作業流程，員工也已習慣應用科技和同仁保持聯繫，維持專案進度。「如果他們得專心做什麼事，可以利用番茄鐘之類的小幫手，登錄 Slack 的平台，告訴大家：『我今天一整個下午都要做這個，別來煩我。』面對這種現象，我們都會試著尊重，畢竟每個人都有不想被打擾的時候。」Icelab 的經驗顯示，「連線進入 Slack 或 Basecamp 的平台，可能會被周遭各種事情干擾而分心，但一定有方法可以支援小組協作，既可以在線上徵詢對方的看法與意見，同時又能低頭專心做自己的事。」

麥可也發現，採遠距上班的公司在實施週休三日時，享有結構上的優勢。員工基本上會自動自發，無需創投金主告訴他們要賣命工作才能獲得十倍的回報。這些公司的創辦人習慣尋求平衡的生活，受雇員工也知道如何獨立作業。遠距上班也改變了公司的成本結構：如果你能少花些錢在辦公室租金上，對於經常性開銷就可少操點心。」

度量與關鍵績效指標

大多數公司追蹤和評估週休三日的試辦績效時，奉行的理念可以概括為「使用熟悉的工具，評量重要的事項」。你需要確認專案與產品如期完成，客戶並未被冷落，員工試圖在縮短的天數裡完成工作。但許多創辦人有更大、更長遠的目標——降低員工流動率、公司屹立不搖、職涯永續發展、打造充滿創意的環境，這些在試辦階段都無法實現。所以在試辦期間，領導人倚賴熟悉的評量方式，確保生意與產能不受影響，也不會採用新穎的工具或關鍵績效指標（KPI）。

這並不代表，唯有採用軟性（soft）、主觀績效評估指標的公司與產業會試行做四休三。格拉斯哥電話客服中心追求行銷公司將一切工作表現量化：只要是重要的，都會被評估。羅琳．葛雷告訴我：「我們公司所有的業務都是績效導向，靠數據支持每個營運部門，所以很容易看到做四休三對財務報表的實際影響。」數據經理山姆．溫格倫（Sam Werngren）解釋他們如何評量績效。他說：「一切表現都會自動記錄在系統裡，包括每天的通話次數、每通電話的通話時間、產生的營收。電話行銷的上升週期可分為五階段，到了第三階段才會出現有趣的互動，亦即對話線的兩端開始『有意義的對話』，電話行銷員終於和有購買力的人搭上線。山姆說，來電者『若與行銷人員進行有意義的對話，那麼就有機會達陣，這是第四階段。而成功簽單，屬第五階段』。山姆可以拿出報告，記錄每位員工、乃至整個公司的表現，看到『手邊潛在客戶名單的品質、最後實際的產出、產生多少收益，然後把這些數據和員工連起來』。

派崔克．伯恩與羅琳帶我到樓下參觀，兩人指著牆上幾個大螢幕，上面顯示公司最近的表現。該公司改為週休三日後，並未另外制定一套度量（metrics），其實也不需要。他們現有量化一切的評量能力，讓他們有信心試辦做四休三。兩人看著這一週公司的營收，發現九〇%員工在週四已完成每週的銷售目標，所以週五關門不上班也不會對公司財務造成太大風險。

每週工時三十小時的實驗，也在另一家有明確績效評比工具的公司登場。瑞典哥德堡的豐田汽車維修中心在二〇〇三年試辦每天上班六小時，這項實驗進行的時間之長，在世上數一數二。當時，該維修中心面臨客戶等候時間過長，客戶不滿有增無減，技師因為工時過長飽受壓力（影響所及，恐增加工作失誤率或離職率）。執行長馬丁・班克（Martin Banck）在二〇一五年參加哥本哈根「喔吼！開心工作國際大會」，致詞時表示：「公司情況真的很糟。」顯而易見，非做些改變不可。

一開始，他們考慮擴大維修中心的規模，但這也表示「必須關廠停工，這只會讓客戶更加不滿。感覺這個解決方案不妥」。班克繼而研究了技工與技師每日的工時，發現期間「多次反覆地停工、開工、停工、開工」。停工用餐、休息、攤開工具、收拾工具。此外，技工與技師「必須做耗費體力的重活，使用昂貴的器械」，所以六個小時之後，工作效率便開始降低。

班克做了兩大改革。首先，他將技工與技師的每週工時從三十八小時減為三十小時。新制上路後，班表分兩個時段，一班從上午六時至中午十二點半，另一班從上午十一時五十五分至傍晚六時。偶爾，週六或週日值班四小時。其次，他將中心的營運時間分為週間與週末，週間從上午六時至傍晚六時，週末從下午一時至五時。縮短輪班時間並拉長營運時間，員工變得更有效率，公司營收也大有起色。大幅降低客戶等候的時間，無需再等數週才能修車，而且「上午六點就可以把車開進維修廠，不會耽誤八點或九點的上班時間」。這是班克在大會上的發言。

以下措施，包括拉長營運時間、縮短技術人員離開崗位的時間、只讓技術人員在高產出的幾個小時上工，大幅改善了維修中心的產能與效率。每個修車站（擺滿昂貴的工具、偵錯與診斷設備、液壓升降機），每天可受理的車輛變多了。當豐田增設第二間維修中心時，「規模可以小很多」，因為「這是專門針對六小時工作日所設計」。二〇一四年，亦即試辦縮短工時之後第十年，修車技術人員「工作四二三四八小時，收費六三六四一小時，相除之後，效率因數為一．四〇，遠高於修車界的平均值——工作八小時，收費七．三六小時。在我們的維修中心，每日上工六小時，收費八．四小時，你可能會覺得我們超收」。工作三十二小時，卻收四十小時的費用，「但我們非常有效率。所以我們六小時工作日的收費比之前八小時工作日的收費多了一．〇四小時，亦即多了一四%。想當然耳，我們對此非常滿意。」

其他公司在試辦週休三日期間或試辦之後，繼續採用現有工具評量傳統的工作績效。澳洲旅遊平安險公司 Insured by Us 實施週休三日後，倚賴熟悉的軟體追蹤員工的工作表

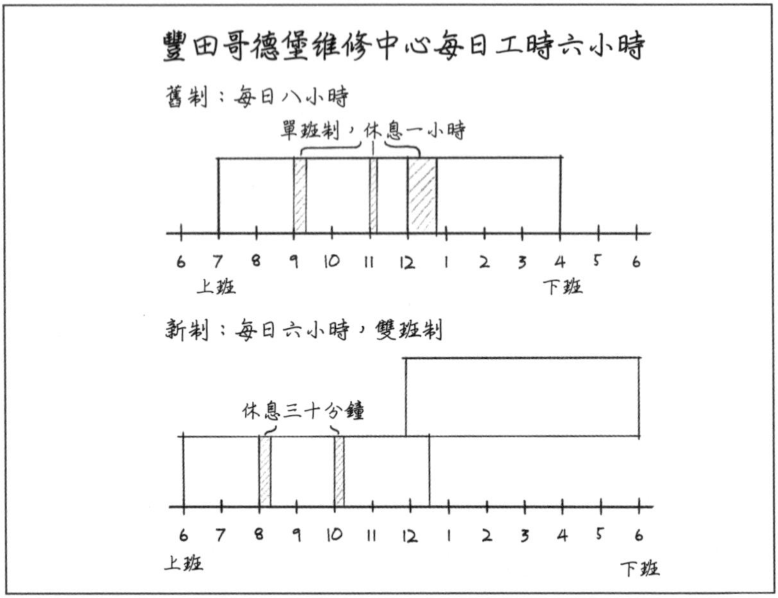

豐田哥德堡維修中心在二〇〇三年將技術人員的上班時間縮短為六小時。員工產能不但沒有降低，還能因此延長中心的營業時間（週間營業時間從上午七時至下午四時，延長為從上午六時至傍晚六時），改善了技術人員與整個中心的作業效率，減少客戶的等待時間，也比較留得住技術人員。

現。公司共同創辦人暨執行長班・偉伯斯特（Ben Webster）說，由於「每個人的活動全記錄在Slack裡，所以隨時可監測大家在做什麼」。英國會計事務所法內爾克拉克表示，報稅季毫無彈性可言，不可能通融讓人延繳，這給了每個人明確的座標與里程碑。總經理詹姆士・凱伊（James Kay）告訴我：「會計與稅務非常重視申報期限，絕對不能超過截止期限。」法內爾克拉克提供客戶財務建議及稅務服務，所以「我們的截止期限從每天的死線到一年的死線都有」。此外，因為公司使用的是線上會計工具，與客戶的財務系統互綁（甚至可協助客戶將財務數據線上化），所以法內爾克拉克的員工已經習慣和客戶保持密切聯繫，也有適當的財務軟體可以評定這些客戶的稅額。

有些公司並未放棄傳統的績效指標，但不會用這些指標評量週休三日的成敗。軟體公司 Wildbit 的創辦人納塔麗・納格里說：「最重要的 KPI 是每個員工的個人感受。這個了不起的團隊打心底重視消費者以及我們所做的事，所以我最大的疑慮之一是，多休一日是否會增加員工壓力。」在 flocc，艾蜜莉・衛斯特說：「只要我們的客戶與工作團隊開心，如期交件，不錯過任何一個截止日，我們對現在所做的改變深具信心。」

有些執行長甚至援引哲學，為自己沒有嚴格評量試辦成效提出辯護。哈金森告訴我：「我們全心全意開發點子、致力創新，任何跟評量效率和工時相關的措施都不合適。創新本質上與效率不搭。創新其實很浪費、很揮霍。」金逢進則有不一樣的說法。他說：「康德（Immanuel Kant）說過，人是目的而非手段。」（我沒料到在南韓的日本料理店用餐還包括討論康德《道德形上學基礎》（*Grounding for the Metaphysics of Morals*）裡的定然律令，但這就是我們生活的世界。）因此，他繼續說道：「僅僅把員工視為生產的手段，這作法不對，也要看重員工快樂幸福與否。」

所以評量重要的事就好，勿使用新的度量衡或工具。思考機器人執行長皮特爾建議：

「別採用太多的ＫＰＩ指標，取而代之的是理解這個作法的目的，以及該往哪個方向走。讓高階主管和員工攜手合作，確保時間花在值得花的地方，沒有做白工，但別套用太多的結構控管或評量。」

常見問題、可能的情況、應急計畫

皮特爾的建議點出做四休三實驗的另一項特質。試行期間，大家都得想出新的工作方式，一開始，沒人（包括高階主管）知道該怎麼做。儘管為了求心安，會仰賴熟悉的量化評量工具，點出哪裡出了問題，不過更重要的是讓大家瞭解週休三日的遠大目標，輔以充分的指導，以便自信地決定該怎麼做。

試辦週休三日之前，許多公司發現必須先彙整出一份計畫書，總結這麼做的目標，有哪些應急計畫，並回答員工提出的問題。常見問題集有助於公司制定標竿，作為思考與訂定目標時的參考，還可在試行週休三日期間，提供大家一些方向與指導，以免像無頭蒼蠅般瞎忙。擬議這份文件，不僅是寫出內容，還必須召集大家，集思廣益、交換問題、找出可能發生的突發事件，逼大家思考該達到哪些重要目標，找出哪些地方可能有問題，如何因應各種可能發生的情況。事前的計畫書有助於釐清哪些事**仍然**懸而未決，員工必須自行搞懂哪些事，以及讓員工清楚知道在設計自己的解決方案時得到多少授權。這份計畫書也可以充當社會契約，確立勞資雙方可從縮短工作日獲得什麼，以及各自的取捨與交換。

計畫書也讓大家明確知道，做四休三的新制要成功，人人都得扛責任。規畫以及擬議計畫書的目的，是希望大家對公司的新路線達成共識，全體一致同意新制務必成功。加州奧克蘭「洛克伍德領導力研究院」的傳播經理喬伊．佛雷（Joi Foley）說：「大家應該坐下來，共同制定這樣的協議。」該研究院是一所非營利機構，自二〇〇八年以來實施週休三日。「可以這麼說，『接下來我們會這麼做』，為大家保留工作以外過生活的空間，同時也建立制度，沒有人會被晾在一邊。」

這個計畫階段很重要，因為大家可以開始思考細節，想想該怎麼做，實驗才會發揮成效；擴大參與擬議計畫的人數；讓熱中於週休三日實驗卻尚未進入狀況的領導人能夠進行事實查核。在 Synergy Vision，菲歐娜．道伯「要求每個領導部門提名一、兩個人」進入規畫小組。她回憶道：「從十月至十二月，我們每週開會一次。第一次會議類似腦力激盪，事後我想，**這事沒有我想像的那麼容易**。」活動、客戶專案、度假政策、專案管理、一個人同時張羅數個專案等問題，公司花了數年才將現有的作業流程定調，而今卻得花數月修改與調整。

不過規畫小組沒多久就證明它的存在價值，並找出了問題所在，更重要的是，找到了解決方案（菲歐娜力有未逮之處）。這部分歸功於小組的成員夠多元，囊括公司各部門。所以菲歐娜說：「小組想出很多我和撰稿人對談時想不到的東西。這個跨領域團隊貢獻了各式各樣的想法，的確很棒。」

小組團隊的第一件成品是三頁的文件，以常見問題的形式（FAQ）呈現，解釋了週休三日背後的思維，並指導大家如何實施新制（我在下頁列出了一些問題與答案）。通常公司撰寫的計畫書和會議記錄差不多，而非秉持《共產黨宣言》的精神。亦即計畫書記錄了內部的討論，反映當時的想法與意見，並在實驗上路後，指導員工該怎麼做。計畫書無需面面俱到，畢竟如果一切進行順利，它們即可功成身退，由員工與團隊另外想出新的作法，找出對策解決問題，認清哪些技術最能滿足他們的需求，並擬出因應客戶的招式。

Synergy Vision 的常見問題集（摘要版）

SV為什麼要試行週休三日？

我們已決定試辦週休三日，一週工時降為三十六小時；證據顯示，做四休三極有利於個人平衡工作與生活，也能嘉惠整個社會。

我們希望成為更具吸引力的首選雇主，希望 SV 成為更棒的工作場所。

什麼時候開始試辦週休三日？

我們將從十二月三日週一開始試辦。

從現在到試辦日之前，希望大家對這個提案貢獻想法，以及建議我們該怎麼做最好。

如果上班時間減少一〇％，薪資會跟著減少一〇％嗎？

不會。試辦期間及試辦之後（週休三日成為常態），薪資均照舊。

如果客戶在我休假時聯繫我該怎麼辦？

如有需要，你應該事前告知客戶你何時休假，並寫好人不在辦公室的訊息，透過電話留言或電子信箱自動回覆。如果客戶在休假日打電話給你，可以讓他們知道辦公室有誰可以代為處理，或是告訴對方你何時返回工作崗位（如果事情可以很快處理完畢，那就立刻解決，不要拖到銷假上班之後）。有關這點，需要一些務實作法，同時確保客戶清楚知道你何時不在，完全不處理公事。

我們如何維持公司的生產力？

當然，減少工時意味每個人可計費的時數也跟著減少，因此我們計畫增加人手，確保投入每個專案的工時不會因此縮水。我們也相信，重視員工的工作／生活平衡能改善他們的身心狀態與產能。

在接下來六個月的試行期間，同步登場的還有徹底檢討內部使用的系統，藉此減少花在管理上的時間，並確保我們能盡可能聰明、有效率地工作。

這點希望大家能提供意見，在十一月的團隊日上，就此進一步交換意見，所以請想想各自熟悉的系統。

如果我休假日收到一封緊急的電子郵件怎麼辦？

為了讓週休三日成功，我們必須研究其他工作方式，例如為專案團隊設立共享郵箱。我們也檢討了內部系統，希望大家能更聰明地工作，一切並非一成不變，我們希望大家提供意見，建議怎麼做對他們最有利。

在有些公司，針對縮短工時而設計的社會契約或通則，內容清楚而明確，並在正式實驗後出現；在有些公司，勞資契約沒那麼正式，卻比較連續。例如在 The Mix，潔瑪．密契爾說：「三個月實驗期結束後，我們決定繼續實施，然後把週休三日寫進每個人的契約中，形成正式的文件。這是我們的作法。」

不管怎麼做，企業發現常規與正式的規範一樣重要，目的都是指導每個員工的行為、同事之間的互動、上下屬之間的關係，協助實驗成功。

為什麼會這樣？沒有一套規定可以預見所有的突發狀況。員工碰上新的狀況，必須能夠變通，制定新的遊戲規則，並化解利益衝突雙方的緊張關係。他們需要被授權做這些事，並且有自信這些選擇會得到同仁的認可。員工需要理解而非只是死守規定。倡議縮短工作日的人，莫不希望員工能夠自我管理，並且組織能夠扁平化，減少層級。要求員工自律的環境裡，需要打斷同事或引起同事注意時，要先三思；得適應新的工作方式；提高產能的同時維持高水平的產出，這些絕非要求員工死守白紙黑字的規定就足矣，他們還必須理解政策背後的邏輯與精神。

規畫與試辦的階段需要時間，但不會花太多錢（僅少之又少的例外）。公司在試辦期間，花費甚少。有些公司會添購相對便宜的設備，如消除噪音的耳機、擺在辦公桌上顯示「請勿打擾」字樣的燈具。但是會有人添購新的 IT 或是重新改造辦公室嗎？不會。就算數年後，多數人也不會花大錢添購虛擬或實體的基礎設施。

餐廳是顯著的例外。為了適應週休三日，他們可能改變裝潢，以容納更多的客人，或是擴建廚房，協助廚師提高出菜效率。在 Aizle，老闆增加了桌數，並在後台廚房安裝一台更大的爐灶，讓主廚史都華．雷斯頓可以提高出菜效率，員工可以服務更多客人。

換言之，你可能想撥一些預算，支持員工使用新穎的協作工具或應用程式試行週休三日，看看這些工具能否幫助他們集中精神，或是縮短會議時間。在 IIH Nordic 及 ELSE，許多好康工具都是個別員工發現的，再一傳十十傳百告知其他人。最好能支持這些由下而上的小型實驗，讓員工自行驗證所用的工具是否符合新的工作形態，而非根據經銷商的口頭保證，採購一些東西，再由上而下地要求員工使用。把錢花在該花的地方，顯示該公司有心實施新制，並授權員工，讓他們放手嘗試，讓新制開花結果。

我研究的公司中，多數都讓員工統一實行工時新制，但也有一些例外。在二〇一八年末，南韓財團 SK 集團旗下的兩間辦公室率先實施週休三日。SK 集團旗下共有九十五家公司，生產項目五花八門，包括石油、半導體、消費性電子產品等等，因此一下子讓八萬名員工同步實施週休三日，著實不可行；取而代之的是，先小規模試辦，再逐步擴大到更大的單位（福特汽車公司在一九二六年統一將公司每個人的每週工時縮短為四十小時，但之前已經花了四年在不同單位試辦）。在美國，安養院的護理師助理每日工作六小時，職責包括協助醫師與護理師，並與病患緊密合作。但這項制度不適用於其他按時給薪的雇員，包括廚房工作人員或看護。而其他必須和安養院老人緊密合作的員工，諸如物理治療師、醫師等，工時維持不變。雖然未讓全體員工縮短每日工時，但會針對特定職位的個人減少上班時數。

如今公司裡的不同員工有不同的上班時間表，這現象並不罕見。想想醫院的情況：護理師、實驗室技術人員、住院醫師、高階醫師等，各自有不同的上班時段。在能源界與採礦業，有些人的上班時間是上午九時至下午五時，有些人在礦坑或海上工作，會輪流幾週在外地、幾週在總部上班（沒有人會每天通勤到北海或墨西哥灣的油井上班！）。中型科技公司的ＩＴ技術人員則往往必須晚上值班，或是睡覺時帶著呼叫器，萬一伺服器掛了得緊急因應。

有時候，組織或企業決定維持現狀，不改為週休三日，是因為擔心新制不見得對每個人都行得通。惠康信託基金（Wellcome Trust）計畫在二〇一九年讓倫敦總部的八百名員工週休三日。惠康是全球最大的醫療慈善機構，管理的投資組合高達二五九億英鎊，因此對他們而言，錢不是問題。但是他們不確定該如何讓每個人做四休三，也不確定週休三日真能改善每個人的工作與生活，所以決定維持週休二日。

以下這個問題，你必須自己回答。「對於組織裡並非全部、但至少一部分人縮短工作週，在政治上可行嗎？在功能上行得通嗎？」答案會因不同的組織而異。

試辦週休三日

儘管與員工討論此事、撰寫了應急計畫、制定績效指標，仍僅有少數公司立即永久改為週休三日。他們先試辦，期間讓員工適應新的時間表，觀察出了什麼預料外的問題，並加以解決。接著，每隔一段時間定期檢討並評估事情的進展，吸取新的教訓，修正路線。

試用期多半維持三個月（或九十天）。雖說是三個月，但其實只是一個目標日期，畢竟多數公司一旦開始思考要如何提升效率，以便擠出更多時間縮短工作日或工作週，就永遠不會停下腳步。同時，即便公司成功保持實驗精神，遲早要正式改變（縮短）工時，以便闡明組織政策，並顧及法律目的。

ELSE 採取循序漸進的方式。哈金森說：「我們先試行三個月，方式有些復古。我們討論大家覺得困難之處，把需要解決的事情加以分類：如何提高優先電銷對象的簽單率、生產力及專注力。所以頭三個月是認識自己：**喔，實際上我沒有砸鍋；這也許可行，如果我去掉無關緊要的事務、拖拖拉拉的習慣、少做沒啥價值的事。**」

接下來三個月，員工開始瞭解，他們可以自主做決定。哈金森繼續道：「員工可以決定要做的事哪些最有價值，可以自行探索不同的技術。你想試試番茄鐘定時器嗎？想提升對工作的熱情與活力嗎？想要一個安靜的角落寫東西嗎？想要去河邊開會嗎？抑或想出去

> **三階段邁向週休三日**
>
> **服水土**：適應更壓縮、更緊湊的時間表。
>
> **量身訂做**：找出適合自己的作業方式與工具。
>
> **分享**：分享最佳的作法，並將之常態化、標準化。

ELSE 改制為週休三日的三部曲。其他公司也採用類似作法。

走走？」所以試辦了六個月的週休三日後，「每個人多少都能各司其職。」哈金森續道：「我期待在下一輪的三個月，我們開始把對團隊有用的東西常態化，同時開始著力於可共享的策略。」

ELSE 採取三步驟循序漸進，首先讓員工適應週休三日的新制；繼而讓員工找出自己偏好的作業方式與工具，提升工作表現；最後交流共享可提升績效的作業方式與新穎工具，並將之推廣到全公司。

稱第一階段為實驗期或試辦期，除了基於務實的理由，也因為其他微妙、但重要的原因。

首先，公司清楚表明，縮短工時並非特權（privilege），而是一種工具，目的是改善作業流程、提高產能、提升創意、激發領導力與創新。如果試辦失敗，週休三日就會被打入冷宮。

其次，冠上實驗或試辦之名，意在鼓勵改變心態，重新省思人們工作的方式，戴著批判與懷疑的眼鏡審視自己目前的工作方式，以及願意敞開心胸嘗試新的事物。若想成功實施週休三日，可以提出問題，找出哪些地方欠缺效率，思索如何改進，勇於嘗試與改變，不怕失敗。

第三，稱之為實驗是希望讓大家安心，讓他們可在事情失控前，掌控實驗的進度。哈金森說，「我認為實驗階段很重要」，因為這傳遞了一個訊息，告訴大家「我們試試這個，看結果會如何，而且會以安全的方式進行」。儘管永久實施週休三日的想法很誘人，但結果如何是個未知數，過程中也充滿了變數。要知道，你要求忙碌的員工自己想出一套適合週休三日的作業方式，並與同事周旋，一起完成「某樣東西」，到頭來，這樣東西可能對公司的存續構成威脅。因此，實驗階段可以降低這些風險至可控管的程度，並將負面衝擊降到最低。

論試辦與實驗

優雅兄弟，金逢進：

重點是要有試用版，為期至少六個月。同時向員工保證，如果實驗成功，就繼續實施；若否，則立刻停止。

Wildbit，納塔麗・納格里：

我們採取的第一步是「稱這個是實驗」。稱之為實驗對我們非常有利，因為代表週休三日不會馬上成為公司的常態。這減輕了我及小組團隊的若干壓力，也讓我們有機會真正瞭解自己的痛點，從我們這家公司、我們所在的軟體界、公司的客戶、公司的產品等，方方面面分析可能碰到的問題。

藍街資本，大衛・羅茲：

稱之為測試期。向大家宣布：「我們將在下個季度試辦，如果一切順利，就會繼續進行。」但是我們的態度與立場非常堅定，「嘿，我們真的很想這麼做，也認為會成功，但還是先從 Beta 版開始，看看情況如何再說。」這種作法比較簡單，但也少了非成功不可的決心。

金融公司 Collins SBA，強納森・艾略特（Jonathan Elliot）：

我認為，試辦成功主要是由於提早六個月告知員工，我們將試辦週休三日，並明確宣布：「以下是試辦期間大家必須遵守的規定。」提前告知，加上規定，有助於指導大家該如何執行，讓他們有時間改變心態與思維，然後才開始試辦，因此他們相信，週休三日應該會成功。有些人一開始認為：「這對我沒有用，雖然想法不錯，但不會成功。」所以我們得以在試辦前指導他們，讓他們對這實驗抱持積極正面的看法。

團隊裡一位成員問我：「如果這個實驗成功了，我們在更短的時間內完成更多事，你會恢復到原來一天上班八小時的舊制，並要求更高的生產力嗎？」這問題很大，我說：「對我而言，這就像殺死了會下金蛋的鵝。如果我們能在更短的時間內完成等量或更多的事，我將這歸功於大家受到工時縮短可提早下班的激勵。如果回到舊制，大家哪來的動機維持或提高做事效率？」

一如其他實驗，縮短工時的實驗也可能以失敗收場，但是大家多半不希望新增的自由時間又被剝奪，所以組織一開始就要說清楚，縮短工作日的實驗只是實驗，初步結果將決定週休三日能否永久與公司為伍。

正式實施週休三日

納塔麗．納格里說：「首先我要說的是，少花些時間思考哪裡可能出錯，立馬行動才是正道。」她和先生克里斯（Chris）合作經營 Wildbit 軟體公司，該公司位於費城，員工約三十人，自二〇一七年開始實施週休三日。我們的談話將近尾聲時，我請她給些意見，供其他希望實施週休三日的公司參考。以上是她的意見。

她接著說道：「你**可以**預見一些明顯的現象與問題。身為一家企業，客戶支持極為重要。至於我個人，最大的擔憂是週休三日造成的額外壓力：我有一流的團隊，我們打心底重視客戶以及我們的工作。」所以絕不可讓員工覺得壓力大到招架不住，或是制定的目標不切實際。「所以我認為最重要的 KPI 是每個人的個人感受。」

納塔麗說：「稱之為實驗也對我們的團隊非常有利，因為週休三日並沒有立刻成為公司的新常態。這有助於減輕一些壓力，給我們機會真正瞭解自己的痛點所在，以及在過程中，客戶會有哪些不滿，產品會遇到什麼問題。

「所以我的建議是立即行動，再找人熱烈地討論，討論對象包括自己的團隊、共同創辦人，以及任何可以幫助你經營公司的人。總之，愈早開始行動，並認真進行實驗，就愈快瞭解真正的問題是什麼，以及哪些不算是問題。這太讓人興奮了，只要你敞開心胸，開誠布公和團隊溝通，指出哪些有效、哪些無效，我想這是完全可行的。」

我向泰絲．沃克提出同樣的問題，她開宗明義地說：「我認為，首先要認清，不是把五天的工作壓縮在四天做完。」或是要求員工加快工作速度。「你要試著找出不同的工作方式，提升工作效率，所以無需第五天還來上班。」

其次，她續道：「你必須和團隊討論，因為他們得負責想出更好的做事方式。儘管一開始是最高層做出這個決定，但必須讓團隊百分之百地相信與配合。」

長期以來，新創公司與設計界無不崇拜英雄式的領導人，這些領導人憑著天分與魅力，有別於一般大眾。但納塔麗與泰絲認為週休三日是集體事業，不是領導人以個人意志強加於無知世界的大膽遠見之舉。領導人也許帶頭爭取週休三日，但需要大家齊力完成。

一旦決定開始，先從試辦階段做起。泰絲解釋說：「這麼做的可貴之處在於提供你嘗試不同的工作方式。我們必須迂迴試個兩、三次，才能如我們所願。所以給你自己一些時間進行實驗。這很重要。」

她也說：「評量很重要。我們會回頭檢視，員工也提供回饋，說明哪些方式有效、哪些無效，並解釋以前的業務績效，我們從中學到很多。這讓我們有動機繼續嘗試一些不一樣的東西。」對 The Mix 而言，KPI 指標能讓每個人健檢公司的體質，在嘗試一些不知可行與否的作法時，增加一些篤定感，同時在修正路線或改進時，提供參考資訊。

最後她說：「務必與組織以外的人討論這件事。這有點類似你打算節食或戒酒，無法自己單打獨鬥，必須建立一個群組支持你。」我與納塔麗及泰絲對談時，均未提到設計思考，但兩人概述的週休三日流程確實照著設計思考的藍圖，一開始都是找出真正重要的事。與整個團隊一起腦力激盪，可以確保每個人都明白要達到什麼目標，聽見每個人的不安與疑慮，而計畫能盡量廣納專業知識（感同身受不僅讓對方感覺舒服，也是催生更聰明設計的高明作法）。思考成功實驗是什麼模樣，如何評量，需要多久的時間進行測試。

在下一章，我們會介紹如何打造週休三日的初步原型。這原型不見得完美，但可以實踐操作。實際上，不完美才能製造機會，給每個人機會重試與改進，微調時間表，開發新的工具與作業流程，思考如何精鍊並提升週休三日的計畫。

在創意動腦的階段……

- **和內部分享縮短工時的想法**。聽取員工的第一反應，降低其疑慮（在某些情況下，也須降低老闆的不安）。
- **選定減時的類型**。選擇做四休三？還是實施自由星期五？抑或每日工時縮短為五至六個小時？最後的決定需要考量諸多因素，但可歸結為兩個大問題：**哪一天的生產力最低**？**哪一天放假會有最大的正面效應**？要回答這些問題，你得思考客戶或消費者需要貴公司何時仍在上班？已為人父母的員工需要什麼？你負責的工作需要你每天或每週至少到班幾小時？以及有沒有一種縮減工時的類型最符合貴公司的文化？

- **規畫階段要廣納意見**。這一點很重要——即便貴公司通常都是上令下從的模式。好的想法可能來自組織中任何一個人或任何一個部門。員工最清楚自己的分內事，所以規畫階段要盡可能廣納意見，讓每個人都有參與感。對員工而言，參與規畫等於給自己一個機會提出疑慮，和大家分享看法，也推著公司往前邁進，走向每個人都期待的未來。
- **模擬可能的情況、備妥應急計畫**。規畫過程需要制定應急計畫，因應你可能預見的情況，並擬議通用準則，協助大家明智地面對相互矛盾的目標或意料之外的問題（總會冒出意想不到的問題）。下放責任給員工預想可能發生的狀況，備好應急計畫，協助大家思考如何重新設計目前的工作形態，應用自己的知識與專長，一同腦力激盪想想如何壓縮工作週（也許還必須針對休假、加班、事假等另外想出新的政策，以免抵觸勞基法）。對員工來說，這是一個契機，可深入思考該如何完成工作，找出左右他們安排日常工作與日程表的因素，以及利用週休三日找出更好的工作方式。一如偉大的未來主義學者（我的恩師）羅素·艾可夫（Russell Ackoff）所言，要嘛計畫，要嘛被計畫。
- **設定試用期與開始日**。多數公司會公告九十天的實驗期，意味著如果推動不順利，公司會恢復正常營業時間。

- **設定明確的目標**。若希望實驗立竿見影，讓組織更上一層樓，必須讓大家知道如何評量實驗成效。同時鼓勵大家保持開放的心態，說不定縮短工作週會出現間接而寶貴的好處。過於狹隘地關注一開始的指標，可能忽略其他好處或低估其價值。
- **認清試辦期並非終點**。即便實驗進展順利，九十天試辦期也只是連續進行實驗與改進的開端。

一旦完成規畫階段，即可著手建設。現在該是製作原型的時候了。

第4章 打造原型

現在是落實計畫的時候，也就是建造工作模型，並檢驗其成效。進入設計思考的打造原型階段，將加快行動的步伐：從想法與理念進入組織結構圖及行動。

你已通盤思索週休三日（或是另採每日工時降為六小時、一週工時降為三十五小時）的整體架構，備妥應急計畫與注意事項，決定該如何評量結果，以及該評量到什麼程度，所以這章的重點轉移到設計工作日及優化流量（flow）。挑戰包括制定例行工作、文化常規、組織架構、有助於提升工作專注力及改善協作效率的技術。

在這階段，再次擴大意見圈，成員除了公司的領導人與員工，也擴及往來的企業與客戶。貴公司想出讓週休三日成功之道，現在該和客戶分享這個好消息，向對方解釋公司現在的作法，讓週休三日在其他公司試辦時也能獲得好評。

試辦期間，你開始觀察使用者對這項設計的反應，進一步瞭解這項設計是否真的發揮

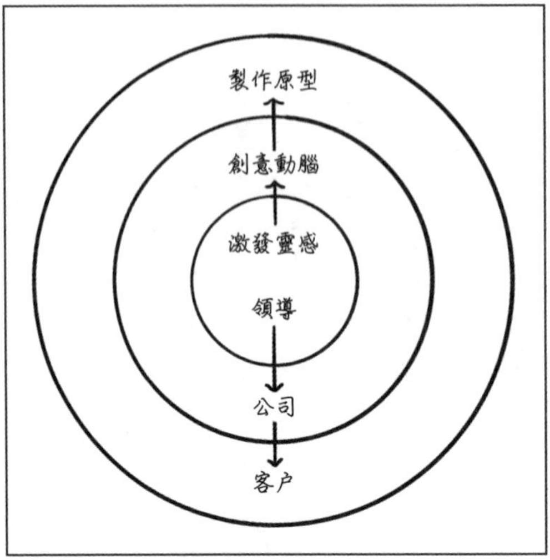

從設計思考的一個階段進行到下一個階段時，同時也從狹窄的圈子進入更大的圈子。

功能，對使用者是否有用，以及他們是否接納，抑或拒絕它，要求換成另一種設計。

丹麥，哥本哈根，阿提勒萊維街

IIH Nordic 的總部位於丹麥哥本哈根南區一處改建的工業廠房，與安靜的市郊及大學城接壤。我選了一個秋高氣爽的早上拜訪該公司，始料未及自己彷彿到了矽谷或新加坡：這家搜尋引擎優化公司的辦公室設計類似上述兩地的新創公司：開放式空間、裸露的磚牆、簡約的裝潢、玻璃隔間的會議室，以及全球新創企業偏愛的現代廚房。

但是不同於多數科技公司，IIH Nordic 想方設法縮短員工的工時。該公司在二〇一四年試辦週休三日，經過兩年試辦，二〇一六年正式將週休三日常態化。該公司善用各種小工具，支援公司獨樹一幟的工作方式。會議室的時鐘設定為二十分鐘（預設的開會時間），時間一到就發出聲音。消除噪音的耳機隨處可見。每張桌子上都擺了紅燈。電子郵件收件匣出現醒目有力的標題和簡短的內文。廚房擺滿蔬果，而非洋芋片、餅乾等垃圾食物。

對於公司共同創辦人兼執行長亨利克．史坦曼，縮減工時簡言之就是能夠多幾個喝咖啡休息的時段（coffee breaks）。

他還在就學時，一位教授勸他：「亨利克，你要精通Excel，就可以有很多喝咖啡休息的時段。」Excel是企業界普遍使用的試算表軟體，但多數使用者根本懶得費心善用它更強大的功能，或是學會怎麼讓一些重複性工作自動化。亨利克發現，他教授的建議不僅適用於試算表，「當你能聰明地使用工具並願意改變行為，便可以省下時間，也能擠出更多時間。」不過鮮少有人願意花腦筋，思索如何更聰明地應用工具，因為缺乏動機。在大多數企業裡，高效創造的價值受惠的是老闆，而非員工。改善系統的效能，受惠的是系統。在這種情況下，我們多數人偏好將工作量與上級指定的時間畫上等號，不會加快速度提前交件，也不會提升工作效率，以免自找麻煩，被加重工作量。

亨利克在二〇一四年又碰到這個問題。一項針對如何使用時間的研究顯示，員工將多達六〇%的時間花在電子郵件與開會上。主管平均每週有十七個小時在開會。同時，獵人頭公司虎視眈眈。IIH Nordic 身為斯堪的那維亞半島率先經營網路行銷與數據分析的新創公司，員工裡不乏獵人頭公司積極挖角的人才。該公司擁有軟體工具，若使用得當，「的確能節省我們的時間」，並協助公司「改善效率以及提高生產力」，但是鼓勵大家多多使用並精通工具的功能是不小的挑戰。如何讓員工更專注？更嫻熟地使用工具？如何重新設計組織架構，以便優先處理真正的要事而不致逼得員工出走？

亨利克發現，答案是縮短工作週。讓員工週五休假，可以激勵他們精通最重要的工具、更專注也更有效率地工作，生產力自然跟著提高。週休三日可以鼓勵員工嘗試新的技術以及工作方式，並與同事分享使用心得。這些是競爭對手無法提供的好處。

他們毫不急躁地試辦了週休三日：一開始，每個月有一週的週五不用上班，一連進行幾個月；然後增加「創新日」，允許員工這天做自己的專案；最後達到每週放三天的目標。

在二〇一五年，開始實施週休三日後，IIH Nordic 很快發現，「週休三日猶如冰山的一角：一週工作四天只是冰山露出的一角，底下沒露出的部分，還包括改變了工作方式、思考模式、解決問題的方式。」亨利克說：「我們現在的工作方式，背後許多想法成形於工業時代，一直沒有更新。」

其中一些改變，包括重新思考如何使用熟悉的工具。「沒有人問：『你有多擅長處理電子郵件？』」亨利克說，你預設大家都知道如何使用。「但實際上，大家都亂用一通，毫無成效可言。我們發現只要教導大家如何使用標題，告訴他們避免在電郵正文引用所有的前信，就可大幅提高生產力。」

利用許多刻意的改變，很多小地方都出現顯著的差異。每個人現在都會戴上降噪耳機，訂閱 Focus@Will，這是可協助員工保持專注力的串流音樂服務（Focus@Will 的共同創辦人曾是一九九〇年代「倫敦節拍合唱團（Londonbeat）」的團員之一）。辦公桌上擺著番茄鐘：轉動計時器，打開紅燈。透過這個小道具，清楚表明，你在接下來的二十五分鐘，全神貫注不想被打擾。會議室桌上擺著手工製作的木盒子，上面寫著：「開會期間請勿使用手機，感謝配合。」會議開始與結尾時，靜語一分鐘，聚精會神，專注於眼前的任務。蔬果取代高熱量零食，零食儘管誘人，卻會讓人變得遲鈍。

其他重大改變則是無形的。鼓勵員工將工作分成三大類：A、B、C。A與B屬於必要並能創造價值的工作項目。C屬於例行公事。將C自動化，或是請遠在菲律賓的數位助理代勞。有非常多量身訂做的工具，可自動發送電子郵件，可代勞基本的研究，還能為客戶撰寫報告。公司每週對員工的情緒做問卷調查。新進員工會收到一套 app，協助他們熟習作業流程。

重新設計工作日

在一九六〇與七〇年代，許多美國工廠試辦每週工作四天、每天工時十小時。工廠在一早開工與晚上打烊時，因為得等機器開機及關機，生產線都處於閒置狀態。高層計算了一下，只要延長生產線在這四天的生產時間，加上第五天不上班，少了一天的閒置時間，反而可以提高生產線產能，也能節省廠房暖氣費與冷氣費的支出。而當今有關週休三日的實驗，也考量到能量的問題；不過這裡指的是**人**的體力，試辦週休三日的企業希望員工保留體力，更有效率地使用。代理商與軟體公司希望旗下設計師與程式設計師能發揮最高的創意與專注力，避免浪費時間，或虛耗精力在無關緊要的活動上。餐廳業者不希望廚師與服務員工作過度。電話客服中心不希望電銷人員在賺不到錢的日子還來上班。縮短工時後，公司也許能省下一些水電費或其他固定支出，但幾乎沒有人在考慮試辦週休三日時提及這點。這次大家考慮的面向都和人有關。

重新設計工作週時，公司會做一些事提高員工與組織的效率，包括精簡或去掉沒有產能的工作項目：減少開會次數、把一些工作自動化、鼓勵大家專注。這意味，重新安排每日的時程表，擠出連續、不受打擾的時段，讓員工集中注意力在最重要的工作項目上，直到休息時段再互動閒聊。此外，這也意味公司善用科技，協助員工提高生產力，將被打擾或分心的頻率降至最低。

重新設計工作日也講究細膩的一面。這需要改變公司的文化，尊重每個人專心做事的權利，亦即將注意力與專注力視為社會資源，而非僅是個人資源。這也意味為員工訂定目標，但要如何達成，則放手讓他們決定。

重新設計會議

選擇週休三日的公司，減少每週開會的總次數，縮短會議時間，會議有重點與目的。的確，會議是重新設計工作日的絕佳起點。

為什麼一開始要對會議開刀？多數人真想砍了（或至少大刪）開不完的會。英國行銷與品牌代理商古德集團（Goodall Group）創辦人史帝夫．古德（Steve Goodall）告訴我：「我發誓，我希望自己十年前就動手了。每次想到過去十至十五年，每週浪費那麼多時間在……」他欲言又止。在 atrain，葛莉絲．劉與共同創辦人「都痛恨開會，所以從第一天開始，縮短會議就深植於公司的 DNA 裡」。改制為週休三日後，沒怎麼猶豫就決定把所有會議都刪了，只留週一的午餐會。

鮮少人喜歡開會，覺得不過是浪費時間，所以樂見縮短會議、提高開會效率的作法。這些成功的例子，顯示公司可以如何改進作業流程，把時間還給員工；顯示縮短會議的作法是群策群力的現象，需要所有人一起合作，建立尊重彼此的企業文化。

所以這些公司到底做了什麼，讓會議更有效率？

縮短會議時間

在 IIH Nordic，多數會議已從六十分鐘縮短到二十分鐘，或是從九十分鐘縮短到四十五分鐘。史坦曼說：「內勤人員平均將四〇至六〇%的時間花在電子郵件和會議上，領導人平均每週花十七小時在會議上，所以這是我們開始試辦縮短工時後，重點關注的領域。」日本服飾網購公司 Zozo 實施一週工時三十小時後，想像戰略室室長梅澤孝之回憶道：「規定會議一小時搞定，卻沒有認真思考為什麼需要一小時。」做了改變後，大家對會議的長度及時間上的安排更為謹慎，結果進一步縮短到三十至四十五分鐘。在其他公司，內部會議的上限為二十至三十分鐘，與客戶的會議則不超過四十五分鐘。舉行走動式或站立式會議是另一種縮短會議的流行作法。

與創辦人及員工交談時，我常反覆聽到一個說法：多數公司習慣安排一小時的會議，這是細膩但強大的預設長度；若打破這個預設值，重新設定會議長度，顯示你重新思考該如何安排工作日，擺脫之前從未意識到的限制。

在 Planio，舒茲－霍芬說，他們試著將會議預設長度調整為十分鐘，結果發現，如果能更慎重地邀請與會者，問「誰能真正解決那個問題？」，而非邀請整個工作團隊或管理階層開會，邀請的人說不定「能夠真的在那段時間把問題搞定」。寧願少一點人開會十分鐘，需要時再開第二次，也不要邀一大堆人與會，大家心裡一堆問號，心想：「我為什麼在這裡？什麼時候才要結束？」他們也把翻轉教室的模式套用在開會上：與其用開會討論如何解決問題，不如先試著解決問題，然後在會議上與人分享解決辦法。

讓會議更聚焦

縮短會議長度與減少開會次數，這作法不僅限於每週的會議或一小時的討論，非正式的會議也要刪減。藍街資本執行長羅茲說：「我們公司所做的最大一件事（聽起來非常簡單，但確實改變了日常作業方式），能盡量不說『能占用你一分鐘嗎？』就不說。『嘿，能占用你一分鐘嗎？』『嘿，能占用你一秒鐘嗎？』這類問句打斷別人的作業後，絕不會只占用一分鐘就結束。等你重新回頭處理剛剛被打斷的工作，已經是半小時或四十分鐘後。所以我們非擺脫這個陋習不可。」亞歷克斯．嘉福德點頭說，相較於之前每天工作八、九個小時，「我們現在開會非常有效率。」

其他公司也想出新的方法讓會議更聚焦。多數公司會要求預先備妥開會議程與目標，然後讓與會者傳閱；或是事先分享背景資料。Zozo 改制為一週工時三十小時之初，執行長前澤友作揮手告別一堆看不完的幻燈片，告訴下屬：「那些都沒必要，只要親自向我說明即可。」

善用科技執法

許多公司會在開電話視訊會議之前謹慎地檢查，確定電話與其他設備運作正常，員工無須在一開始乾耗十分鐘，忙著找白板筆或是輸入會議代碼。他們也採用新穎的工具，提醒大家會議時間已結束，或是告知發言的小組只剩幾分鐘可以講話。最受歡迎的工具是簡單的廚房定時器（既便宜又容易操作），但有兩、三家公司使用更高科技的產品，例如在會議室安裝飛利浦智慧型燈泡，透過設定與手機遙控，讓會議室變化燈光作為訊號，告知發言者該總結收尾了。

我最初在 IIH Nordic 公司聽到這個工具，但其他公司也有類似的智慧道具。費城的設計公司 O3 World 開發了應用程式 Roombot，可將公司的行事曆 API（應用程式介面）連上智慧燈泡 API，等到開會時間快結束時，會議室的燈便開始閃爍，提醒與會者。若其他小組事先預定使用該會議室，這時 Roombot 更厲害，竟會說：「我說真的，快閃吧。」「你看到那邊那些人了嗎？小心你的命，Roombot 我怒了喔！」這個凶巴巴的 Roombot 與費城超搭，電影《洛基》選在這裡拍攝，費城冰上曲棍球隊「飛人隊」的吉祥物 Gritty，也不走可愛路線而走嚇人路線。但是在其他城市，客氣版的語音助理或許是不錯的小幫手，提醒大家注意發言時間，以免無法準時落幕。

開會要有目的

另一個常見的現象是取消了每週例行會議，除非必要否則不開會，諸如必須做出一個具體決定、資訊唯有透過開會才能布達共享，或是有其他明確目的。在 Administrate，創辦人珍・安德森說：「為了讓開會有效率，我們分享的最佳作法包括：務必有明確的議程；與會者務必是非在場不可的人；開會前自問這個會非開不可嗎？」

將會議限制在一天的特定時段

另一個非常普遍的作法是將會議限制在某些時段，多半是下午。史坦曼告訴我，在 IIH Nordic，「會議只能在午餐後召開。」以便空出其他時段，讓員工不受打擾地專心工作。他說：「如果我受邀開會，但沒看到會議議程，我會拒絕出席。」

公司若有在外地遠距上班的員工，得思考何時一起開會，最後可能是乾脆不開了。Wildbit 雇用的員工分布在不同的時區，納格里說，公司實施週休三日時，員工改採非同步通訊。「如果開會時間在我的時區是一日之始，那沒有問題，但若是其他人的中午時段，等於硬生生將他們的一天拆成好幾段。」

在 Normally，共同創辦人兼設計主管克里斯．唐斯說：「我們鮮少安排時間開會。」如果有，「會議會一直開到找出解決方案為止。」反觀客戶，「安排一小時開會，一開始閒聊週末要幹什麼，才進入正題，最後做出決定，結尾時又開始閒聊，硬湊足一個小時才散會。」集體校園（Collective Campus）創辦人史蒂夫．格拉夫斯基（Steve Glaveski）只挪出十五分鐘開會，部分原因是促使其他主管質疑開會一小時的假設是否有問題。

縮短會議是縮短工作週的雛形

在許多公司，長達一小時的會議猶如縮影，顯示大家習以為常、不曾提出質疑的作法，會如何主宰你的一整天，耗掉你寶貴的時間。縮短會議時間能幫助公司進一步瞭解，企業文化以及一些無形的約束其實是改革的一大阻力。在 ELSE，哈金森鼓勵員工開會時「回答這個問題，一旦回答了這個問題，就搞定了」。儘管 ELSE 內部力求會議精簡，但「還是會發生『為了開這個會，我安排了一小時』的狀況，因為我們得一直與客戶保持互動，而他們的文化會影響我們」。

有些公司在縮短會議時則遇到技術障礙。在 IIH Nordic，將會議從一小時縮短為二十分鐘時，行事曆軟體卻不配合。史坦曼告訴我：「會議時間在我們系統的預設值是一小時，而且非常、非常不容易更改這個設定。」這個例子雖不起眼卻畫龍點睛，顯示日常工具有意想不到的影響力，不僅強化我們固有的習慣，也阻礙我們改革。

縮短會議的作法固然不錯，但需要時間才能養成習慣。但至少大家開始質疑，為什麼會議占據我們絕大部分的工作時間，也會問以下簡單的問題，諸如：「誰規定會議要一小時？」「為什麼不能只開幾分鐘就好？」或「誰真的想以這種方式工作？」只要開始質問，就是一種解放。改變會議形式等於打開一扇門，繼續質疑其他現象，諸如我們為什麼用這個方式工作？要怎麼做才能讓工作更上層樓？這些問題很有價值，因為凸顯了浪費與節省時間是集體及群聚的現象：如果一個人沒有設定明確的議程，或是在會議上長篇大論、沒有重點，很容易浪費每個人的時間。

重新設計會議可讓你從中學到一些技巧，像是用於設計工作日，亦即設計開會之外其他的時間運用。他們清楚示範了，藉由做得「少」（這裡的例子是減少坐在會議室的時間）反而大幅提升工作效率。每個人的行事曆不再滿檔，可空出一些時間嘗試其他省時間的作法，將以前零碎不連貫的時間，轉為不受干擾、可連續專注工作的高品質時間。

整理工作日零碎的時間

成功縮短會議時間後，下一步是整理工作日的零碎時間，以便保留更多時間，讓員工不被打擾，專心工作。商業作家與生產力專家長久以來一直主張，若我們的時間運用重質勝於重量，工作會做得更好、更快。實施週休三日的公司，證明這個說法再切實不過了。

有些公司會規畫未來一週或兩週的行事曆，找出有衝突或效率不彰之處。在Planio，舒茲－霍芬說：「我們做的第一件事是研究這一天是如何度過的。結果很快就發現，我們的時間沒有規畫得很好。」尤其是兩個關鍵工作項目——開發軟體以及與客戶互動，互相衝突（公司裡每個人，包括開發軟體的工程師與產品經理，都花了時間回應客戶的諮詢）。她說：「我們每週本應花很多時間完成重點工作，卻一再被客戶來電或電子郵件打斷。只要從一個工作切換到另一個工作，都得重新花時間恢復專注力，進入新的背景脈絡。這些都會浪費大量時間。」

為了解決這個問題，他們發明了支援時段（support shift），「這段時間，大家可以接電話或收發電子郵件。當員工不處於支援時段，表示他們要專心做事，不能被打擾。這的確幫助我們找回專注力。對於軟體公司，營造一個可以專心工作的環境尤其重要，因為員工往往得處理非常複雜的問題，需要長時間全神貫注，免受干擾。

Planio 創辦人舒茲－霍芬談心無旁騖投入工作對軟體公司非常重要的原因

編寫程式時，你要不斷一層一層地深挖，直到找到問題的核心加以排解。例如你為一個新功能寫程式，或是試著修補一個程式漏洞，先在表層發現了問題，但試過之後發現不對，繼而再往下挖，希望找到問題根源，可惜依舊沒有找到，只好再深入該軟體的下一層，或是另闢蹊徑，打開另一個組件，看看問題到底出在哪裡。這個過程可能要層層下探，基本上類似兔子挖洞。

可是當你一層層往下挖時，你得記住走過的所有地道，以及一開始的起點。等你終於排解了根本問題，也許已經深埋在軟體的核心層，接下來你得再一路往上，重溫你從頭到尾所做的一切。這意味，當你排解問題時，必須記住做過的所有步驟與措施，而這需要絕對的專注力。

我認為這是身為軟體工程師最困難的部分。你得同時牢記一切大小事，因為軟體由許多可拆解的單元組成，牽一髮而動全身。所以每次我在電腦前作業，腦中會層層堆疊一堆東西，如果這時有人突然闖入辦公室，打電話給我，或是收到電子郵件，就會感覺高高堆疊的東西瞬間垮台。需要花很多時間（約三十分鐘至一小時）才能重拾注意力，將垮掉的

東西重新堆起來，回到之前排解的問題上。

空出可專注做事的時段

減少會議並找出其他導致效率不彰的原因後，下一步是設計時間表，讓員工更有效地完成重要工作，而且在四天內做完，無須拖到第五天。

在有些公司，專注力是左右生產力的關鍵因素，所以會空出一個連續時段，讓員工從事嚴肅的工作。在IIH Nordic，程式設計工程師會規律地設定番茄鐘，每二十五分鐘為一個單位，進行密集衝刺，然後休息五分鐘。瑞典遊戲公司芬伶德斯（Filimundus）落實每日上班六小時，將每天六小時一分為二，各有三小時的專注時段，並安排一小時午休時間。

在其他公司，則是以更正式的方式訂出專注的時段。flocc將上班時間分成「紅色時段」、「琥珀色時段」、「綠色時段」，每個時段九十分鐘，各自代表不同程度的專注力與安靜狀態。

在flocc，每一天的開場是簡短小會，然後進入九十分鐘密集衝刺的紅色時段。馬克・梅里衛斯特解釋紅色時段的背後想法。「我們提到一個現象，大家需要有個時段，可以說：『嘿，除非事情非常重要，否則別打擾我。我真的得聚精會神搞定這個，如果你不介意的

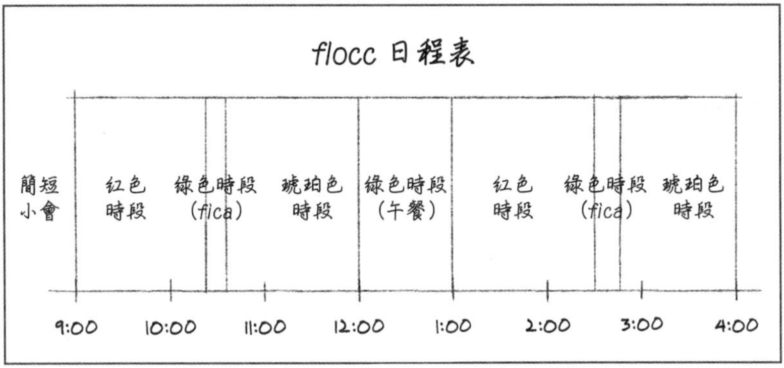

flocc 的日程表。

話，拜託別煩我。』這話不只對同事說，也包括電子郵件、電話，以及各種會讓人分心的東西。」之後登場的是十至十五分鐘的綠色時段，即上午的 fika（fica 是瑞典語，意指喝咖啡休息時間）。上午剩餘的時間是琥珀色時段，用來開會、回覆電話、整理電子郵件等。再來是一小時的綠色時段，可以吃午餐，辦些雜事，然後重複上午的模式：依序是紅色時段、較輕鬆的琥珀色時段、兩者之間穿插綠色的 fika 時段。

誠如我在《用心休息》一書所言，有充分的理由鼓勵大家在一天之始（一早）就把重要的事完成：早上的精神與活力遠比下午來得充沛。傳統上，企業在安排工作日的日程表時，默認大家的精力與專注力一整天下來不會有任何變化，認定每個小時的工作互調也不會有任何差別。這種時間觀是參考工廠的作息，但工人在當班時，從頭到尾做的是同樣的事情。而心理學家與睡眠專家發現，需要專注、用心用腦的工作，員工的表現在一天當中有高有低，端視精力、機敏性、注意力多寡而異。有關超晝夜節律（ultradian rhythms）的研究發現，多數人在注意力下降之前，可以保持大約九十至一百二十分鐘的高度專注力。極具創意的人士多半發現了這樣的節律，並據此安排一天的作息：把最重要的工作安排在早上，保證自己連續幾小時可不受打擾，專心工作。海明威、童妮．摩里森（Toni Morrison）、史蒂芬．金（Stephen King）等知名小說家，多半在上午完成大部分的寫作。

縮短工作週的企業也採取類似作法，將日程表與人類的晝夜節律、超晝夜節律同步化，確保大家在專注力最集中的時候從事最需要花腦力的工作。

尊重每個人的時間

必須鼓勵員工善於控制自己的時間。此外，自己的時間寶貴，同事的時間也很寶貴，必須加以尊重。當業者重新設計工作日時，員工的作業方式已無法再像從前一樣；他們必須獲得授權，放手自主地實驗，確定做事的優先順序，盡可能有效運用時間。但這樣的自主權必須搭配員工彼此尊重，以及在公司的時間是大家共有資源的共識。沒有人可在週五請假，除非所有人都完成交辦事項。每個人能否完成工作，取決於其他人是否願意尊重彼此的時間。

優雅兄弟改變了企業文化，以求平衡這兩個要件。金逢進說：「我們發起一個活動，希望大家不要在下班時說：『掰掰，明天見。』你要走，就走。」優雅兄弟的人事主管安延柱（音譯，Yeon-ju Ahn）說，南韓企業裡，下班前習慣向他人道聲「晚安」，這種儀式強化了辦公室分明的層級結構，讓員工「覺得內疚——如果他們比主管早下班的話」。儘管這是亞洲特有的現象，但研究西方企業文化的報告顯示，特別是在開放式的辦公室裡，大家可能會注意到早離開的人，並據此評斷這些早走的人。

人事部門最醒目的作品之一是一張海報，上面列出「提高工作表現的十一種方法」，我在該公司的許多牆面上都看到這張海報。第一個方法很讓人不解，寫著「九點零一分不等於九點」。其實這表達兩個非常具體的想法，該公司的公關副總柳振（音譯，Jin Ryu）解釋：一是尊重彼此的時間；二是平衡工作彈性與紀律，這樣自主管理才可能成功。

他說：「在南韓的科技圈，公司文化強調彈性，員工可以十點或十一點上班。有些公司甚至允許員工不用到公司，可以在家上班，只要別誤了工作。但是那樣的氣氛與環境會導致缺乏紀律。在我們公司，上班時間是九點，所以你必須九點前到公司，不是九點零一分或九點零二分。如果你約了人開會或見面，必須盡最大努力準時赴約。」

守時等於是尊重他人的時間，這是許多落實縮短工時企業講究的基本原則。根據《連線》雜誌的報導，倫敦遊戲公司「大馬鈴薯」（Big Potato）之所以能實施週休三日，「得益於硬性規定員工得進辦公室。」在優雅兄弟，守時代表你有能力自我管理，既節省了

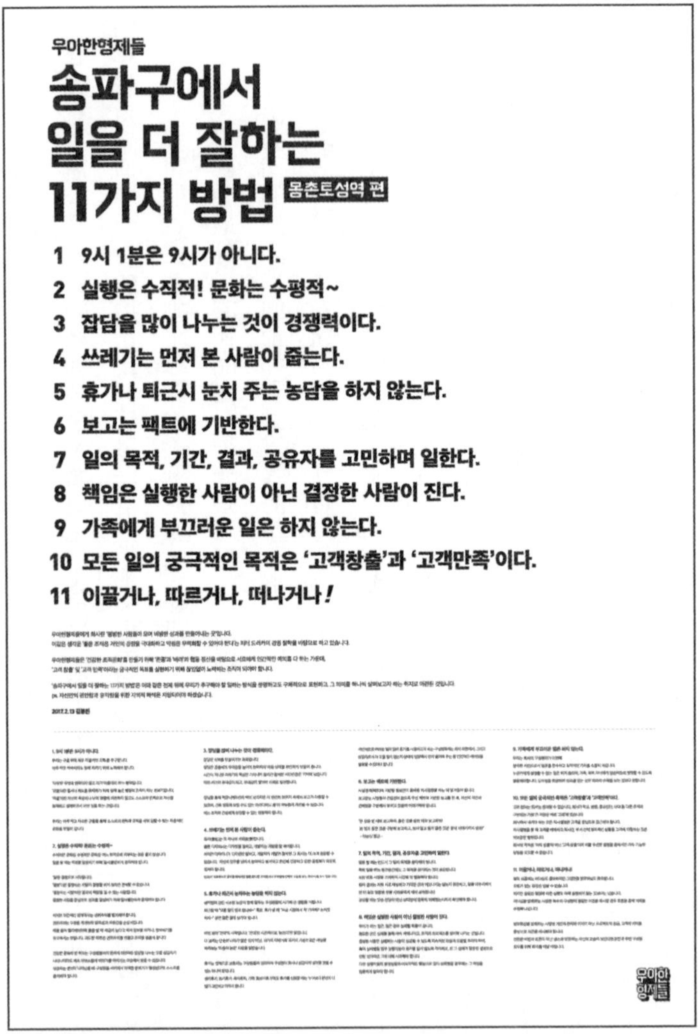

優雅兄弟的海報：「提高工作表現的十一種方法」。第一條寫著：「九點零一分不等於九點。」第二條：「垂直式執行，水平式文化。」第六條：「所有報告只能以事實為本。」第十一條：「領導、跟隨，否則滾開別擋路。」

自己的時間，也節省了同事的時間（兩者的時間同樣重要）。守時也顯示，當你費心完成工作挑戰時，便能在自主與紀律之間取得平衡。人事部門的成員羅河娜（音譯，Hanna Na）說：「優雅兄弟和其他新創公司不同，因為我們的員工知道得先遵守規定，才有彈性可言。」不講紀律、欠缺責任感的彈性會導致混亂，也會讓員工的角色與公司的需求漸行漸遠，不知不覺阻礙一個人的職涯發展。由於缺乏嚴格的正式規定，便需要強大的企業文化，在這文化下，大家習慣善盡本職，不造成彼此負擔，並認清自己和同事必須合作，才能成功克服週休三日之類的挑戰。

重新設計科技小幫手

正式或非正式地將工作日程切割為專注時段與較輕鬆的時段之後，下一步是善用科技提高專注力，改善協作效率與時間管理。有些公司之所以能成功縮短工時，一個重要因素便是更聰明地應用現有的科技工具，將耗時的工作自動化，學習使用協作工具提升合作效能。例如 IIH Nordic 建立了許多工具與腳本，可代勞撰寫給客戶的報告，或是協助客戶建立一套自己的自動化工具與腳本，無需再委託其他公司撰寫報告。這些要歸功於史坦曼熱中於節省人力的科技，以及重視公司的科技實力。

這些科技工具可以在多個層次發揮功能。專案管理與協作工具可以協助小組或公司提升工作效能。自動化系統可以協助員工或企業完成特定任務。最後，有些工具與操作方式可以減少外界干擾，以免分心。

專案管理和協作工具

縮短工時是促使公司改善或開發專案管理工具的一大誘因。在 flocc，試行每日上班六小時的實驗時，發現有必要改善內部作業流程及硬體的基礎設施。艾蜜莉·衛斯特告訴我，之前公司「為了客戶，使用最先進的技術與工具，但是我們自己的硬體與作業流程很多卻非常陽春」。他們從「用紙筆寫下東西（信不信由你）」一路進化到採用 Google Drive 雲端硬碟及其他工具，讓設計師與軟體開發工程師更容易協作。她說：「不僅提高溝通效能，團隊合作也優於從前。」

在 Synergy Vision，現在每個專案都有專用電郵帳號，郵件會自動轉發給專案團隊小組的每位成員，改善團隊與客戶之間的溝通。菲歐娜·道伯說：「我們鼓勵客戶所有電郵一定要有副本，所以就算有人沒到場，副本也會寄到收件匣，稍後可以收信閱讀。我們也有數個 Slack 頻道，透過 Slack 進行內部溝通，減少使用電郵的頻率。」

藍街資本使用數位簽名軟體 DocuSign，提供合約線上簽字服務，大大加速了作業速度。如果西岸一家新創公司從南部一家銀行得到融資，合約以及經過公證的文件若透過航空掛號信往返，可能需要數日或數週，但是有了 DocuSign，可以大幅縮減時間。亞歷克斯．嘉福德說，推動使用 DocuSign「花了很長時間，因為我們有不同的承銷商，有人喜歡，有人不愛」。但 DocuSign 的影響力「在我們投資界非常驚人」，因為不用再寄送紙本文件給不同團體，大幅降低人事作業，也省了寄送與等待時間。

讓一些工作自動化

有些公司為了節省時間，利用工具讓作業自動化，或是加快一些耗時的作業。譬如 Radioactive PR 公司使用自動化服務，以減少收集新聞剪報的時間。里奇．雷伊解釋：「假設有個活動，累積了多達數百篇新聞報導，這是非常好的宣傳，但得花你**一天**的時間剪報，然後將報導寄給客戶。現在你可以付錢購買網路監看服務與工具，幫你做這些剪報工作。你只要複製與貼上 URL（網址連結），該服務會全屏截圖、選擇性截圖，提供可能的發行量，不管有無紙本。過去原本需要花費八小時，現在三分鐘就搞定。」只是善用這樣的服務，Radioactive PR 就省下足夠的時間實施週五不上班。

自動化有助於落實縮短工作日，而縮短工作日反過來可為自動化製造誘因。Collins SBA 試辦每日工時五小時實驗的前幾個月，安裝了一個軟體，可以更快交付客戶委託的

「建議聲明」（Statement of Advice）。試辦縮短工時之前，大家對這個軟體意興闌珊，使用率遲遲不見進展。一旦大家發現只要學會操作這個軟體，每日工時說不定可以減至五小時，便立刻改弦易轍，使用率竄高至一〇〇%。客戶也看到立竿見影的好處：不用再花數日完成客戶交辦的文件，顧問可以「當著客戶的面，在短短二十分鐘內寫完財務計畫表」。

法內爾克拉克公司之所以能改為一天上班六小時，是因為使用了雲端會計，許多作業流程以及與客戶的溝通都變得更簡單（參考公司簡介）。對他們而言，縮短每天的工時無需借助新的工具，而是善用行之多年的平台以及其潛在功能。

值得注意的是，多數自動化是分擔員工而非主管的工作，亦即這些公司並未讓科技工具與員工為敵，反而鼓勵大家多利用科技提升**自己**的工作效率及價值。實施週休三日的公司在無心插柳下，證明科技工具可以強化員工的能力與技術，不因自動化而淘汰員工。

公司簡介

法內爾克拉克與雲端會計

我們不太會把會計和高科技業畫上等號，但總部設於英國諾維奇的法內爾克拉克的例子顯示，雲端運算、行動設備、大數據能讓最傳統的行業也縮短工時。

法內爾克拉克成立於二〇〇九年，和許多新創公司一樣，一開始的辦公室是在共同創辦人威爾．法內爾（Will Farnell）的車庫，十年下來，已發展成有四十二名員工的公司。多數員工年僅二十多歲或三十多歲，客戶也偏年輕，以科技公司或創意產業為主。該公司在二〇一〇年代快速成長，客戶與員工不斷增加，因此搬到更大的辦公室。但是二〇一六年職員大量出走，猶如敲響警鐘，顯示公司傳統的作業流程及慣有的管理方式已跟不上公司的發展步調，必須做些重大改變。客戶關係總監法蘭西絲．凱伊（Frances Kay）告訴我，公司不斷成長，但是「我們沒有適任的員工，也沒有妥當的內部作業流程因應快速的成長」。他們延攬了詹姆士．凱伊（法蘭西絲．凱伊的老公）擔任總經理，負責落實「正確的作業流程，讓我們追蹤員工的工作表現及客戶的滿意度」，並改變聘用方式，「確保我們找到對的人加入工作團隊。」

法內爾克拉克是業界率先採用雲端會計軟體的先驅之一，可以即時（而非每年一次）存取客戶的會計數據，支應不同類型報表的自動化作業，以及淘汰傳統的簿記，改提供技術與諮詢服務：例如結合追蹤支出的軟體與會計系統，或是和客戶攜手建立財務健檢表。

詹姆士解釋道：「傳統上，會計公司有大量的紙本檔案」，會計師花大量的時間整理文件，而非提供客戶諮詢。有電腦代勞，精簡了這一部分的工作，但「使用會計軟體，你往往必須做十四個備份，從中找出正確的備份、上傳正確的數據，才可進行下一步」。相形之下，雲端會計系統消除了版本控制（version control）的問題，讓電腦自動幫會計師做出客戶的財務健檢報表，讓會計師能更輕鬆提供客戶量身訂做的服務，滿足客戶需求：例如一家卡車貨運公司的司機上的是大夜班等非正常時段；或是一家小公司，必須向多個國家報稅。法蘭西絲說，雲端會計系統讓會計師更自由地選擇工作地點，「咖啡廳、家裡或任何一個地點」，只要能上網。此外，會計師的收費方式從按時計費，改為向客戶「每月收取固定費用，就像交給有線電視台的月租費」。

詹姆士說，法內爾克拉克的自動化作業意不在「降低費用」或裁員。他們希望騰出更多時間「瞭解客戶，瞭解他們的業務，有效地幫助他們，最後提供更多諮詢性質的服務。時下夯字——諮詢。」將客戶搬到雲端平台，找出哪些作業流程可以無後顧之憂地自動化，也是進一步瞭解客戶的好辦法。詹姆士說，由公司主導這項自動化作業，意味著客戶要適應法內爾克拉克的系統，「這能幫助我們盡可能提高工作效率。」

該公司在兩、三年前開始思考如何利用這些工具縮短工作週。威爾．法內爾在二〇一七年受訪時表示：「我們花了很多精力在系統開發……讓員工的工作方式更有彈性。」他們希望將管理重點放在產出（output）而非投入（input），而這需要更好的工具。能見度與彈性彼此相關：為了成功推動縮短工時，他們得看得見員工的產出，一旦事情開始變調，才能適時介入糾正。他們也在二〇一六年底對員工做了民調，想知道員工是否認為縮短每日工時可行；多數員工表示：「實際上，是的。我可以把現在七個半小時做完的工作，縮短到六小時做完。」員工全體有了和公司一致的目標：彈性工時、每天工時縮短為六小時。為了達到這個終極目標，大家必須學習如何使用新工具、培養新習慣、開發新的作業流程、願意接受更多監督。

該公司花了兩年時間準備。詹姆士說，招聘並培訓願意按照公司方式作業的幹部「是一大挑戰，所以才花了整整兩年」。二〇一八年十二月，「耶誕節前夕，馬不停蹄趕著落實作業流程，並將這些仔細記錄成文件，讓每個員工瞭解作業流程、前進方向、為了什麼目標等等。」他們試用 Slack 作為內部通訊平台，並用以持續追蹤員工的位置；他們增加了不公開頻道（客戶也可以使用）；開始使用動態消息，追蹤每個人的時間表與可用的空檔；善用視訊通話等功能（改用雲端作業之後，法內爾克拉克受到年輕科技公司的注意，因此新進員工與客戶「多半是科技狂人」）。他們增加了一些工具，可計算電子郵件回覆次數，以及公司的淨推薦值（Net Promoter Score，廣被財星一千大公司使用的工具，NPS 用以衡量客戶忠誠度與滿意度，計算某客戶會向其他客戶推薦某公司給其他人的可能性）。度假追蹤系統讓他們預測，若客戶得不到幫助會衍生哪些問題，並提前準備，預先化解。

二〇一九年二月，系統終於步入正軌，員工也熟悉如何操作與善用系統，自此正式實施每天上班六小時。

善用科技降低分心

再者，一系列的高科技設備與道具也有助於降低分心，協助個人與團隊小組全神貫注。在實施縮短工時的公司，降噪耳機很常見，因為這種耳機提供私密的空間，同時暗示同事他們此刻不想被打擾。根據道伯的說法，Synergy Vision 裝了一台白噪音機器後，「完全改變了辦公室的氣氛。」在 IIH Nordic 與蟑螂實驗室，辦公桌放了紅色與綠色 LED 燈，就顯示桌前這人是否能被打擾。哈金森告訴我，在 ELSE，每張桌子都擺了一只沙漏，「一旦沙漏倒著放開始計時，沒有人可以打擾你，除非事情真的、真的非常重要。」ELSE 有個設計師為開放的辦公室格局設計了「錄音中」按鈕（On Air button），哈金森說：「這系統連線到我們的日程表，如果有人在開會或有人來訪，『錄音中』燈號就會亮起，並降低音樂的音量，提醒大家注意有客人來訪。」

其他公司則專注於更有意識地使用科技。許多公司鼓勵員工在特定時段檢查電子郵件或 Slack，而不是一直去查看信箱。在萊因根斯數位（該公司於二〇一七年底開始每日上班五小時），員工每天檢查郵件兩次：一次是早上，規畫一天的工作時；另一次是下午，規畫隔天要做的工作項目時。許多公司不鼓勵員工在週末收發電郵。金逢進告訴我：「我們努力減少下班後的溝通次數，尤其是盡量不要打擾較低階的員工。」但是就像其他科技公司，優雅兄弟有些設備（諸如伺服器、公司網站等）肩負關鍵的業務，必須全天候二十四小時監控，所以「較高階的員工必須待命，回應一切緊急狀況」。

這些工具與作法讓員工選擇要將注意力與精力擺在哪裡，也能拉長專注的時間。加州大學爾灣分校的資訊學教授葛洛麗亞．馬克（Gloria Mark）與同事發現，如果員工可以關閉電郵，便能持續工作更長的時間，也更能專注，較不會分心或多工並行。營造辦公室風氣也很重要，因為最新研究顯示，相較於友人對人際互動的認知與看法，公司的看法更會影響用戶的行為。

重新設計人與人的互動

提升產能與專注力固然重要，但也不能完全犧牲人與人之間的互動，實際上也沒有這個必要。

二〇一六年末，追求行銷公司已實施週休三日數週，但有些員工週五還是會來公司，工作一、兩個小時再離開。羅琳．葛雷很快發現了原因，稱：「他們並未告訴妻子現在一週只要上班四天，所以週五還是進公司，做幾個小時後，大家一起到酒館喝酒小聚，下午五點才回家。」

這例子點出一個重要現象：我們很多人會因為工作結交到好友。二〇一八年一份針對美國科技公司員工所做的調查發現，六〇%女性受訪者與五六%男性受訪者表示，同事是最好的朋友。因為工作之故，結交到好友；反過來，好友也能幫助我們提升工作表現。有同事作為你最好的朋友，讓你工作時更開心也更投入，提升個人的產出，改善你和他人共同解決難題、度過煎熬時刻的能力。如果縮短工作日或工作週意外鬆綁了這樣的連結，員工與公司都是輸家。

許多實施週休三日公司的因應之道是籌辦聯誼活動。在東京，Zozo與才望子出錢贊助公司五花八門的社團與利益團體，包括運動社、任天堂掌上遊戲社、韓流社，乃至美甲社，應有盡有。社團會串連不同部門的員工，培養同袍情誼、建立非正式的連結、擴大員工的社交圈。洛杉磯的有機護膚公司SkinOwl每個月會辦活動，推出spa日、動物之家一日志工等；其他公司則出錢贊助健身課程、每週講座，或定期舉辦歡樂時光。

這些公司贊助的活動提醒員工，即使是重視認真工作、希望員工下了班好好享受自由時間的公司（顯而易見，實施週休三日的公司是如此），也瞭解辦公室友誼與社交的重要性。在 Wildbit，納格里說：「在強調百分之百專注工作的企業裡，一切都不同步，影響所及，最大的風險是我們看不到彼此的臉，而我們非常關心彼此。」有些企業努力在辦公室打造專注時間，有人指出這感覺像是進入電影院，大家坐在一起欣賞電影（辦公），聚精會神之際不希望被他人干擾打斷，沒想到這影響了友誼。實際上，至少有一家公司發現在試辦週休三日期間，因為太過重視專注力，對辦公室人際互動造成殺傷力，最後放棄週休三日的計畫（參見下頁公司簡介）。

公司簡介

APV公司，犧牲辦公室友誼

香港視頻製作公司 APV 在二〇一八年試辦週休三日，試了四個月之後，辦公室少了人際互動，同袍情誼也不見了，公司遂放棄週休三日的計畫。創辦人馬克．艾爾德（Mark Erder）最早讀到信託公司「永恆守護者」實施週休三日的報導，然後「在某個週一早上的會議，我冷不防告訴大家這件事」。他說：「我心想，如果我們真的好好討論這件事，討論到死也只是紙上談兵，而我希望它成真。」視頻製作這一行吸引極富創意的人，留下來的人配合度極高，且能忍受高壓，趕在截止日期前和大家協作完成作品，所以艾爾德有信心他的工作團隊會認真實踐週休三日。

公司決定，大家仍須參加週一上午的會議，但個人可以選擇哪一天不上班，這樣辦公室週一至週五仍可正常營業。畢竟關閉辦公室一天，對客戶非常不便；每個作品所需的時間不同，需要有人手負責拍攝、拜訪客戶、參加製作會議。馬克說：「我們唯一的要求是休假不可休半天，不可在家遠距上班。你必須陪伴家人，或是回饋社區，或是擔任志工，總之做一些你真正喜歡且非常看重的事。我希望大家休一整天，專注於工作以外的事。休假期間，若你做些有創意的事，一定會迸出些想法，應用在工作上。」

四個月後，財務表現、客戶滿意度、工作品質都在水準之上。但是馬克告訴我：「由於我們是小公司，兩、三人在例休，有人度長假，有人生病請假，有人外出拍片。」結果整個辦公室空蕩蕩猶如鬼城。「這現象不會一週只出現一天，可能一週發生好幾天。這破壞了人際互動、共樂、協作、開心上班，而這些都會讓大家覺得在這兒上班是件有趣的事。每個人都喜歡多一天例休，喜歡休假不用進辦公室，但不太喜歡自己上班時，別人都在休假。」因此試驗期結束後，大家決定恢復週休二日。

我問馬克會建議其他有意試辦週休三日的公司怎麼做，以免重蹈APV的覆轍，以失敗收場。他說：「規定第三日例休必須是週幾，不要像我們一樣，為了分散休假而讓大家自選。可以統一休週五或週一，讓員工連休三天的週末。」馬克認為，公司也許會再嘗試一次週休三日，因為他深信，重組工作週給員工更多休息時間，絕對值得。他說：「尤其是從事創意這行，一定要休假。我們承受各式各樣的壓力，週休三日幾乎勢在必行，一如當年從週休一日改成週休二日，也是勢在必行。」

公司也承認，團體活動比獎勵個人更能製造難忘的回憶。以追求行銷公司為例，他們會在隆冬時，帶著全體員工去度假。羅琳．葛雷告訴我：「有一年冬天，我們到加納利群島的特尼里弗島度假，每個人要花四百英鎊。如果我們把這四百英鎊當成獎金發給每個人，這錢只會被花掉，然後什麼回憶也沒留下。但是一起去度個小假，到現在大家還津津樂道。」

員工會針對工作提出許多新的倡議，但很多人也喜歡趁空檔和同事拉近距離。最重要也最簡單的一件事，是一起吃午餐。午餐成了社交與聯繫感情的重要時刻，順便從早上全神貫注的狀態抽身，稍微休息放鬆一下。

瑞典遊戲公司芬伶德斯執行長萊納斯．菲爾特（Linus Feldt）回憶道，改制為每天上班六小時之前，午餐時刻大家都各自解決。他說：有些人會外出用餐，有些人從家裡打包午餐，有人「坐在電腦前，十分鐘內解決午餐」。實施每日工作六小時後，員工自發地「開始將午餐帶到辦公室，大家一起坐下來用餐，整整交流一個小時。他們自掏腰包，出錢舉辦公司刪掉的社交活動。員工之間的友誼與連結是企業渴望的，而他們靠自己辦到了」。

鼓勵員工放下工作一起用餐可謂一個重要的訊號，顯示公司文化正在改變。若老闆願意供應員工膳食，這是一個高招，顯示老闆既是供餐者，也是有為的領導人。這種領導風格不同於傳統的領導力，後者要求領導人壓抑自己的生理需求，以職場的需求為重。Noma重新開業並實施週休三日後，主廚雷奈・瑞哲彼（Rene Redzepi）開啟了小組午餐。之前許多年，他都是「站在工作檯前，捧著塑膠容器快速解決三餐」。他說：「我不希望我的廚師習慣這樣的事。」他希望主廚能帶頭塑造文化與風氣，同時照顧下屬。有些身兼餐廳經營者的主廚，習慣超時工作與被剝削。如果他們願意改變之前自己所受的待遇，空出時間讓員工好好用餐，這簡單又高明的一招可向員工（以及下一代的廚師）證明，廚房文化能夠煥然一新，無需再靠虐待員工培養出高徒。在其他公司，員工乾脆不吃午餐，或是邊用餐邊辦公，擔心出去吃，會讓老闆覺得自己在摸魚，對工作不夠投入。在許多地方，這樣的想法還真不是空穴來風：二〇一八年一份針對美國與加拿大高階主管所做的調查發現，三分之一的老闆打考績時，會看員工是否在午休時間休息，近四分之一認為，相較於在午休時間繼續上班的人，午休的員工較不勤奮。在這樣的情況下，老闆若能鼓勵員工放下工作，一起吃個飯，等於告訴屬下，他視員工為人，人得學會照顧自己，身體需要補充燃料就該補充，不要硬撐。

讓員工一起用餐，表示公司待遇不錯，也能提升員工的工作表現。一起用餐能讓員工彼此瞭解，協助新進員工認識公司的文化，讓年輕菜鳥有機會聽聽老鳥的經驗，以細膩的方式拉近大家的距離，將單打獨鬥化為團隊合作。實際上，針對消防員的研究顯示，同時段上班的組員若能一起吃飯，小組的凝聚力與工作表現都優於讓組員各自解決五臟廟的小組：不僅獲得上司更高的評價，組員也覺得更像一家人。在消防隊，大家輪流出錢買菜，制定時間表，規定煮飯與清潔的值日生，一起擬菜單，做菜成為一個人在團隊裡樹立價值與身分的途徑。上了一天繃緊神經的班，做飯亦可紓壓。

午餐在 flocc 是重點

flocc，艾蜜莉．衛斯特：

我們希望團隊能合作無間，也希望組員更認識彼此。快到中午時，如果是冬天，通常大家會在辦公室外用餐，坐在沙發上，自然而然地閒聊，拉近距離。當你進一步瞭解對方，協作起來會更容易，這對我們公司至關重要。這麼多人想到我們公司求職，就是看在我們團隊的分上。

我們不會在上班時間閒聊，但是午休時間一起用餐時，就不會因為要忙工作而分心，又能像朋友一樣聊得很開心。這一個小時的午休時間，對辦公室的交流與溝通非常重要，能讓大家認識彼此。這麼短的時間，效果之大不可思議，比在辦公室閒聊更有意義。午休結束後大家再次回到工作崗位，不交談也沒關係，無損情誼。

flocc，馬克・梅里衛斯特：

實施每日工時六小時之前，有人上班會晚到晚走，午餐的時間也不一致，所以很難把大家湊在一起開會，讓我很難管理大家的時間與工作流程。

現在可利用一小時的午休召集全組組員。因為不是工作時間，想做什麼就做什麼，重點是可以把大家聚在一起。現在我更瞭解我的組員，他們也非常瞭解彼此，因為他們在專注工作的時間之外，花時間聯誼打交道，培養了團隊合作的默契，對彼此也更瞭解。這些不是金錢能買到的。

重新設計工作空間

重新設計工作日，並借助新工具提高員工的協作效能與專注力，同時制定新的規則促進同事之間的聯誼與社交。落實這些之後，公司又發現，他們必須改變辦公室的空間配置，才能接受新的工作方式與辦公室的人際互動。

多數情況下，要將辦公室依用途區隔為專心工作區、協作區、非正式聚會區。這顯示要更清楚區隔工作時間與聯誼時間。ELSE 的辦公室位於泰晤士河北岸的大都會碼頭區，由維多利亞式倉庫改建而成。我拜訪 ELSE 的辦公室時，華倫・哈金森帶我參觀：員工廚房位於辦公室後方；中間區擺了幾張沙發與厚墊椅子，作為與客戶開會之用或是休息區；一個角落擺了一張小桌子與幾張硬木椅子，作為「開戰鬥會」之用（一次只解決一個問題）。他說，會議要速戰速決，因為「沒有人想坐在那些椅子上太久」。flocc 在二〇一九年搬進新辦公室，在靠近辦公室大門處用玻璃隔出一間會議室，在不受打擾的紅色時段，可以在這裡與客戶開會。辦公室後面有一間員工休息室，比較私密，員工可在這裡午餐或喝咖啡。

在其他公司的辦公室，重新設計空間為的是提升協作效率與專注力。大馬鈴薯遊戲公司在二〇一九年實施週休三日，在倫敦東區休迪奇（Shoreditch）的辦公室設立了一個安靜區，另外也隔出一個房間讓員工專門打行銷電話。Normally公司與大馬鈴薯相距不遠，創辦人唐斯說：「我們在每面牆上都釘了白板，並在附近擺了桌子。所以環視四周，若看到兩個人站在白板旁的桌子前，其中一人寫著白板，我們就知道他們在談公事。」

整個流程大致如下：兩個人邊談、邊寫白板。沒有人有自己專屬的辦公桌，但是大量的協作空間「在這個實體空間裡創造了效率」，輕輕催促大家提高產出。「大家早上來上班，只要覺得有需要，就找個白板聚在一起討論工作。」

這些變化來自員工的堅持，並給公司帶來細膩而重要的好處。放手讓員工主導辦公室的空間配置，提升了員工對工作的滿意度與產出。有個實驗裡，研究員把人安排在三間不同的辦公室：一間是幾乎空蕩蕩的極簡辦公室；一間有裝飾，並放了植物與圖片；一間則是允許實驗對象自己動手裝飾。結果發現，相較於其他兩個組別，可以自己動手裝飾辦公室的員工對老闆更有好感，身體感覺更舒適，工作滿意度較高，產出也更高。擺了裝飾的辦公室對於提高生產力稍稍有幫助，但是能自己決定如何布置空間，成效更顯著。辦公室裝潢是否美輪美奐、不輸建築雜誌裡的照片，或者很陽春、像個宿舍，這些並非重點。因此研究員又另外做了一項實驗：他們先讓實驗對象裝飾自己的空間，接著嫌棄或抨擊他們的裝飾，並更動擺設的位置，結果生產力大降。

有個有趣的現象。試辦週休三日六個月後，哈金森告訴員工：「接下來三個月，我給各位的任務是，想辦法讓週休三日的成效被看見。我想感受到並看見。我希望能指出公司實施週休三日前後有何差異，所以當一個人進入這間辦公室，我可以說：『因為實施週休三日，才會有這個東西與那個現象。』可能簡單到稍稍重新安排家具的位置，安排更多的走動會議，在那兒擺一些站立式辦公桌，還有安靜的閱讀區。」

讓員工主導

哈金森給員工的任務凸顯了推動週休三日或縮短每日工時的另一大特色。他告訴我：「週休三日是領導層主導的改變，但真正需要的是讓每個人主導。身為領導人，你下放權力，告訴大家：『沒錯，我們現在要做這件事。』但是你需要每個人找出自己的節奏與接受方式。我時時提醒自己，放手讓團隊自己找答案。」

改制為週休三日的公司裡，優秀的領導人敲定廣泛的目標與里程碑，例如不能為了落實週休三日或每日工時六小時而犧牲客戶滿意度、生產力、公司營收等。但是更優秀的領導人會刻意授權員工，讓他們自己想辦法落實這些目標。

倫敦 Type A Media 是一家搜尋行銷顧問公司（SEO consultancy），營運總監安利坦・瓦利亞（Amritan Walia）說：「給予員工自主權，讓他們按照自己覺得合適的方式工作，並給他們空間做自己分內的事，不過前提是大家要誠實，這是重點。」馬克・梅里衛斯特也同意，他表示：「微管理不會讓作業更有效率，對軟體工程師尤其如此。你若給他們休息的空檔，指定哪些地方需要符合規定，他們會把程式寫得更好，更有效地修復程式的瑕疵與錯誤。如果你對他們採微管理，他們做不到這一點。」

何以員工主導週休三日的作業方式會嘉惠公司？首先，員工比老闆更清楚工作性質與內容，因此更瞭解如何有效實踐週休三日。

在 Synergy Vision，員工組成的規畫小組建議公司應用一些重要工具。道伯告訴我：「我們組裡有個非常年輕的員工，剛從大學畢業，這是他的第一份工作。他很聰明，講求動手做，非常務實。」該公司的經驗顯示，規畫過程必須接受各式各樣的視角與角色，才有利於催生新穎的解決方案。比如，「為每個專案開一個電子郵件帳號的構想出自辦活動的小組，他們的工作不同於醫藥資訊寫手。」專案小組也發現，「用複雜的 Excel 試算表」管理缺勤問題，或是用試算表確保核心工作每週五天都有人打理，效果其實不如「員工彼此溝通」。道伯說，這個解決方案「必須出自專案小組」，因為「我自己無法掌握這麼充分的細節，做得不會比他們好」。

員工自擬的規定比較能行得通，因為是員工自己訂下，比較會遵守。IIH Nordic 的經驗顯示，員工自訂的規矩及建議的工具較易普及，也較可能成功。公司使用的工具中，多數是由員工發現、測試、確效（validation）：廣被使用的工具並非來自公司以外的顧問或所謂的專家，而是出自組織內部的建議與經驗，所以能獲得支持。授權員工自主思考如何讓實驗成功，大家最後克服看似不可能的挑戰，結果令人滿意。

改變工作方式，學習使用新系統，捨棄熟悉的作業方式、改用新方式，這些絕非易事。縮短工時可讓這些改變相對容易，因為會針對改變與創新提出有利員工的誘因。

縮短每週工作天數，員工的反應又快又具體：更快把工作做完，然後下班。在多數職場，我們也看到員工間的聯誼與互動比以前熱絡：如果一同努力，所有人都可以早點下班。因為縮短工時，創新從零和遊戲（員工是輸家而公司盡收好處）變成了三贏：更高的產能及工作效率讓員工的自由時間變多，公司的生產力上升，客戶得到更快的服務。

澳洲金融公司 Collius SBA 執行長強納森．艾略特指出，在正常情況下，公司引進什麼新工具，員工要承擔學習及適應新工具的重擔，反觀主管與客戶坐享其成，收割成果。他說：「這是許多企業老闆的難處。老闆告訴員工：『嘿，工作夥伴，這是一個很厲害的工具，會讓大家的工作更有效率，產能大幅提升三〇％，所以從今天開始改用這個。』」他接著解釋：「我們身為企業老闆，這麼做可從中得到一些好處：看到生產力上升。客戶可能也受益，因為他們可以得到更好、更快的結果。

「但是使用新工具的員工呢？對他們而言，啥好處也沒有，還是得一天工作八小時，沒有任何誘因說服他們充分利用新工具。」如果員工得到的直接好處是擁有更多自己的時間，也許就有善用新工具的理由。縮短工時相當於一種社會契約，讓員工立即享有提高生產力的好處。

授權員工重新設計自己的工作，有助於強化他們對公司的忠誠度與工作滿意度。員工看重自己設計的東西，至少看重程度高於不是自己設計的東西。杜克大學心理系教授丹・艾瑞利（Dan Ariely）做過一項實驗，其中一組受試者必須自行組裝紙箱，另一組則拿到預先組裝好的紙箱。被問及他們對紙箱的喜歡程度，以及有多看重這紙箱時，「自己做」這一組喜歡與看重的程度都超過「現成組」。研究員稱這現象是「IKEA效應」（IKEA effect），科學家與行銷專員在許多情境都發現這樣的共通點。這也是為什麼速成蛋糕粉買回去，如果還需要添加沙拉油與雞蛋攪拌才能送入烤箱，受到的評價會高於只需加水攪拌就可以烤的蛋糕粉。這也是為什麼優格商店讓顧客自己加配料，然後把售價訂得較高。同理，訂做專屬的泰迪熊，售價要比架上現成的貴上許多。自己動手做的東西，即便只是照著說明按部就班完成，對你而言更具意義，價值也更高。

不管有意或無意，哈金森應用上述原則，讓員工找出自己的方式，以求週休三日成功上路。他說：「當我發現事情進展得比預期慢，或是看到有人為此苦苦掙扎時，我得克制自己，避免現在就出手幫助他們克服難題。我不希望由我告訴他們，應該這樣做或試試那個方法，他們必須經歷這樣的過程。我能做的只有和他們對談，問他們週休三日是為了誰而設計？他們用了哪些方式做事？我們能將哪些事務移交給團隊其他成員？」交談內容從個人的小東西，乃至公司上下都可使用的工具。「我喜歡列表，所以我習慣用 Trello 這樣的軟體，但這不見得適合每個人。有些人只用實體。我們工作室有個人喜歡便利貼，在螢幕四周貼滿了便條，這樣就可以看得一清二楚，也很享受撕下便條的快感。所以現階段有很多事情同步進行，我們分享各自覺得有用的東西，然後鼓勵對方試用。」

能掌控自己的工作方式，好處不少。一項研究調查二戰期間的英國皇家空軍、納粹空軍，以及越戰期間的美國空軍，發現高成就的空軍官兵多半認為，自己有權決定該如何完成使命。在企業界，自主權給了工作小組空間，自行摸索成功之道。

SkinOwl 執行長安妮．泰佛林表示，對於一家經營非傳統行業的小型公司而言，選擇的員工必須能在「每個人都是自己老闆」的環境中工作。泰佛林是一家六人公司的負責人，該公司的線上粉絲遍及全球，在美國、香港、澳洲、加拿大、南非、黎巴嫩都有零售夥伴。她還得主持播客、一系列有關自我保健的活動。她要處理的事情很多，包括產品開發、原料採購、行銷。因此她說：「對人，我不想管太多、管太細，而且我也辦不到。」

人都喜歡掌控自己的工作、環境，也較為珍視自己動手做的東西。所以應該讓員工重新設計自己的工作日，並且主導隨之而來的必要改變，讓公司順利過渡到週休三日。自主權能增加員工對組織的忠誠度，當員工樂見週休三日實驗成功，反過來也會增加實驗成功的機率。指彩公司 Kester Black 創辦人安娜・羅斯說：「當你試著改變公司文化時，你的員工握有全部答案。」

告知客戶

改制為週休三日最大的障礙之一，是深信客戶絕對不會支持。我老是聽到企業領導人跟我說，如果通知客戶要試辦週休三日，免不了擔心接下來公司恐會遭逢災難。在 The Mix，創辦人沃克說，實施週休三日後，我「非常緊張」客戶會有什麼反應，「心想：『這會成功嗎？』如果有人打電話給我，問我：『你到底在哪兒？這東西我現在就要！』」

多數領導人會不厭其煩地向客戶解釋為什麼要試辦縮短工時，預期實驗能達到什麼目標，以及雙方哪些關係不會改變。客戶看到你們周延地設計實驗以便維持雙方關係，此外還能繼續交出一流的產品，照樣準時交件，碰到緊急狀況不會讓客戶求助無門，種種表現讓客戶明白，你們公司是認真看待這些事情。

如果貴公司與客戶的關係基礎原本就標榜新穎與創新，那麼貴公司的工時有任何改變時，相形之下都容易得多。顧問公司 Kin&Co 的創辦人羅絲・華林說：「與我們公司合作的人希望得到不一樣的東西。」所以我們公司實施週休兩天半，週三下午不上班，讓員工有時間充電，這點向客戶表明，「我們公司說到做到，謹守我們的精神與原則。」對於協助其他公司定位並宣揚其企業價值的顧問公司而言，這麼做傳遞了強而有力的訊息。此外，由於「我們可以說『我們相信這一點，這是有心理學根據，證據就在這』」，這項實驗印證 Kin&Co 有能力將科學論述轉化為實際行動。

在 The Mix，密契爾說，他們「非常清楚地向客戶解釋縮短工時的原因，並且將這項實驗定位為雙贏而非威脅。我們非常努力在話語上下工夫，確保大家瞭解我們為什麼這麼做。顯而易見，對方可能覺得你們只是想節省成本。但公司每個人的薪水照舊，這是我們向客戶溝通時非常重要的利器——顯示公司體質健康、營運正常，也顯示我們公司和別人不一樣」。

對廣告公司 Type A Media 來說，取消週五上班是為了提供客戶更高的價值時間（value time）。創辦人羅絲・泰凡戴爾（Ross Tavendale）以高明的外交辭令問大家：「客戶希望花錢買我們週五的時段嗎？」週五中午大家在小酒館吃吃喝喝，下午公司又提供啤酒車讓大家暢飲，喝茫了能專心辦事嗎？「還是買我們週一的時段？」縮短工作週可提供客戶更多相當於週一的時段。

ELSE 的客戶擔心，週休三日可能影響 ELSE 對緊急事故的應變能力。哈金森指出：

「我們公司的業務沒有那麼強調即時性，所以這種情況應該不會發生。」此外，ELSE「改在週四交件，每件事都提前一天完成。」不過針對其中一位客戶，ELSE 同意破例在週五提供「事前安排好的遠距支援——如果有需要的話」。

客戶的焦慮可以理解。雷伊告訴我，畢竟「少了滿意的客戶，我們不可能擁有這些」，邊說邊揮手指著 Radioactive PR 的會議室。

IIH Nordic 如何升級工作品質

史坦曼估計，IIH Nordic 進行了多達逾三百種各式各樣的實驗，希望自動化一些例行工作，提高專注力，並減少被干擾的機會，並一目了然重要任務與次要任務之別。在現階段，他們不僅質疑週休二日行之多年的習慣與作法，也重新評估週休三日初期落實的一些措施。例如，一開始 IIH Nordic 實施了一天十分鐘的培訓課，觀看教學錄影帶或聽 TED 演講，但後來證明這習慣很難持之以恆。後來改以每週登場的「科技星期二」取而代之，另外可自由參加週五的「駭客松」。

多數實驗由員工自主提出與執行，這作法的好處是讓每個人都有機會參與、反思自己的工作方式哪裡須加強、嘗試新的工具，並且鼓勵彼此借鏡學習。壞處是有些工具「非常非常有趣，確實可以提高生產力」，卻沒有得到應有的重視，只能歸類為選項而非指定項目。史坦曼說：「我們試用了這麼多工具，大家使用的方式五花八門，各有各的特色。」

因此在二〇一八年底，他們決定推出 IIH Nordic 2.0 版，「真正有效的辦法與工具都被指定為公司全體必用。」史坦曼說：「我們必須確保大家都在相同的水平，觀念與想法一致，瞭解週休三日的意涵。」每個人，從剛進公司的新人到最資深的老鳥，都得再次接受入職訓練，保證他們熟悉如何操作厲害而重要的工具。他說：「有些事情，我們需要規定大家清楚知道怎麼做，因為這對公司及職場文化非常重要。」

在打造原型的階段……

誠如史坦曼所言，週休三日不僅是尋找更快速的工作方式。當然，不管你是老闆或是團隊小組的組員，都得思考如何提升工作效率，如何客氣卻也無情地「操」自己的時間，並讓自己在週四前完成工作。但是你也必須做些文化上及心智上的改變。不妨把時間視為你可以動手設計的成品，把工作日視為某個產品的原型，就像你為某個硬體或某種經驗率先做出原型一般。

把時間視為可被設計的成品，並非你從教科書裡學到的抽象概念，其實這更像團隊運動的陣式或語言的語法：透過練習及實作而精進。所以你該如何實踐呢？就領導人與企業而言，可實際演練以下建議：

- **會議短而小，重點明確**。減少會議次數並重新設計會議，這是不錯的初期目標。你的目標並非完全淘汰會議，而是讓會議能夠受掌控。會議猶如工具，工具必須盡可能地實用。會議要精簡，不該長過必要；不該大過必要；目的也要盡可能明確。換言之，會議要短而小，重點明確。
- **重新設計工作日**。一旦會議時間縮短，自然多出一些自由時間，下一步是規畫完整的時段，讓員工專心處理高價值的工作，不會因為受外界干擾而分心。讓大家清楚知道，在這些時段，員工可以專注於重要的工作項目，不用管其他不重要的事情，也可以忽略電子郵件或其他讓人分心的事物。公司可以規定某些時段才能會客，或是制定規矩，規範打斷某人做事、傳簡訊、收發電子郵件時的注意事項。
- **重新設計工作方式並應用新工具，設計實驗流程測試它們有效與否**。我們鮮少思考自己工作的方式，也甚少深思自己如何使用科技（抑或如行為經濟學家所言，鮮少研究自己如何做出各種決定）。這現象對公司或個人都成立。向大家清楚解釋，個人或組織該如何照著流程測試一些成效可期的技術與工具——不論是個人或公司全體要使用的工具。

- **講故事給客戶聽**。要能向客戶與消費者解釋為什麼公司要縮減工時，協助他們瞭解公司何以要做如此劇烈的改變。預設他們可能有的疑慮並想好如何化解，顯示你重視對方，願意將對方納入通盤計畫的一部分，這樣對方比較可能支持而非抨擊貴公司的改革計畫。

員工也發現，重新設計工作日並非各自嘗試就好，也不只是關乎個人的生產力，或重新設計最適合個人的日程表而已。

- **時間與專注力是社會資源**。你能否專注，取決於他人是否尊重你的專注時段，意思是你不能只專注於提升自己的產能。當你重新設計工作日時，別忘了建立並遵循社會規範；大家都遵守規範，才有助於提升每個人的生產力。
- **分享有效的嘗試**。在試辦階段，每個人都要調適、改變，試用新的工具。不要只顧著自己摸索，如果你能和他人分享心得（包括好的與不好的），其實對自己也有利。
- **也分享其他東西**。工作的樂趣之一是能和他人社交互動，建立連結。當你全神貫注、認真工作時，無需犧牲或放棄社交。其實工作時更專注的好處之一，是為你創造更多與他人優質互動的時間——一起午餐、真心交談，而非只是互傳簡訊。重新設計週休三日的原型時，別忘了一併重新設計辦公室的社交生活。

原型能幫助你釐清思緒，重新思考何謂挑戰，並發揮創意，想辦法克服它。不過誠如設計師的經驗談，設計與打造原型還不夠；若要瞭解原型到底行不行得通，以及該如何改善，還得進一步測試。

第5章　不斷測試

在設計思考力的測試階段，必須收集有關原型性能與表現的數據，作為改善計畫缺失時的參考，並為打造下一個原型提供方向。產品設計是個反覆的過程，一開始極陽春也極簡短，經歷幾代的想法、原型、測試，才能交出最後成品。

在我們這行，重新設計工作日是連續、開放式結局的過程，沒有真正結束的一天。客戶不斷在變，員工來來去去，而技術推陳出新，能助人自動化一些作業或提升員工能力，這些都是改善工作日效率的契機。

但在本書中，我們只會走完一個週期。我們可以看到週休三日對產能、獲利以及招聘與員工流動率的影響。我們會探究它形成哪些細膩、但非刻意的效益，為創意、在職母親的生活與職涯、員工的健康與福祉、公司創新精神、領導力品質帶來衝擊。當然，我們也會看見客戶的反應（先劇透：如果之前的階段一切順利，顧客的反應應該是肯定的。）

英格蘭，倫敦，史夸頓街

瑪蕾．華勒斯伯格說：「我們天生就有實驗精神。為什麼有些東西會存在？為什麼會這樣？可以不一樣嗎？」瑪蕾是設計公司 Normally 的創辦人之一，我和她及克里斯．唐斯一同坐在倫敦時尚的休迪奇區的公司會議室裡。「我們覺得有件事可以不同於以往，那就是工時，以及重新調整工作週的結構。對我們而言，這是一項實驗：看看我們能否縮短工作週。」

瑪蕾與克里斯在二〇一四年與另外兩位朋友共同創辦了 Normally，合作客戶包括臉書、英國廣播公司。多數專案跨足策略、設計、數據。客戶會說：「我們認為這個市場有機會，你們能協助我們開發新產品進軍這個市場嗎？」創辦 Normally 之前，克里斯與瑪蕾曾在其他公司任職，也曾在英國和歐洲大陸自由接案。瑪蕾形容他們是「慢慢恢復正常生活的工作狂」。她「以前即使是週末也忙著工作」，因為「我覺得這是維持自己可以接受的水平的唯一途徑」。然而，兩人對傳統公司的上班時數、職涯前景感到失望，同時看到在 Normally 闖出另一番光景的機會。

克里斯出社會後初期任職的幾家公司裡，「我們週末要上班，晚上要上班，還常常熬通宵。」偶爾週間有機會休假，「我發現休了假的那一週，生產力更高。」他也說，大概在同一時期，「我的父母屆退休之齡」，看到他們那一代「工作那麼辛苦、犧牲那麼多，加上健康不佳，財務狀況被市場崩盤拖累，沒有預期來得好，退休後無法好好享受人生」。

這兩段經驗讓他重新思考是否應該延遲享樂，在不堪的環境裡熬下去，只為了不怎麼吸引人的未來。他問自己：「所以我想知道，我們能否提前過一部分的退休生活？我能減少工作量，在身體還相對聽我使喚之際，做些自己喜歡的事嗎？比如到戶外走走、運動、陪伴小孩。這讓我們不得不思考：『考慮到這些因素，我們能做點不一樣的事嗎？』」

瑪蕾生下第一個孩子後，開始質疑自己對工作的想法。她說：「我發現，當父母這件事完全無法與我當時的工作相容。」於是她換了工作，一週只需工作三天。她說，有孩子在家等著她照顧，「我得在一定的時間內完成工作；我生平第一次無法工作做一半沒收尾就下班。」但是她意外地發現，自己不用加班也能完成和之前差不多的工作量。

她說：「我想只消問一問兼差的在職父母，他們可能會異口同聲表示：以為自己一旦當了父母，完成的工作量會比以前少，結果竟然差不多，甚至更多。克里斯遂說：『這應該成為公司的政策。我們所有人應該一週工作四天就好。』」

所以，Normally 是如何實施週休三日？克里斯說：「生產力絕對是文化的核心，存在於組織的 DNA，其他一切都該依此而生。然後，我們在周圍的環境裡搜尋可提升效率的所在，包括工作室的空間該如何配置，給員工一個最能提高工作效能的環境。」Normally

不同於其他公司，努力提升效能與生產力，為的是縮短工作週，而非在工時不變的情況下進一步壓榨勞工。

克里斯說：「我們使用的軟體幾乎都是協作工具。我們鮮少使用一次只讓一位員工看的軟體。」這讓團隊合作更容易，也強化了透明度與責任感。

同時，他們整頓了傳統的設計流程，從研究、戰略、製作原型，一路到實際打造。「在Normally，每位員工都是混血兒，肩負兩個角色。」所以小組成員「同時得負責研究、設計、打造。我們的工作團隊能更快做出東西，搶在多數人能明確指定要什麼之前就做出來」。此外，「我們把效率植入管理風格與管理結構，授權工作小組可觀的自主權。」

沒有太多人能這麼做。克里斯說：「公司各個都是高效員工，大家的生產力與專注力一連四天維持在高檔，沒有人有辦法撐到第五天。」結合不同領域的人合力解決難題，是非常吃力的工作。瑪蕾說：「尤其是處理複雜的工作項目時，偶爾需要喊卡，騰出時間休息，從不同的角度思考問題。」

你可能會認為，要找到有頭腦的混血工作者絕非易事，既會專注做事，在小組裡自動自發，而且重視做四休三的價值與精神。不過本行創造許多這樣的人才，適合上述的環境，反而和傳統的公司格格不入。有一部分的人性格內向。瑪蕾說：「在我們這一行，外向、善於表達自己的人比較吃香。這些人格特質往往和成就、高階主管和領導力畫上等號。」

其他人則是年紀較大或已為人父母。克里斯說，尤其是「有小孩的職業婦女，一週工作五天真是強人所難」。她們「因為有孩子要照顧，無法重回如此高強度的行業，也無法在其他公司延續職業生涯」。但她們恰好適合 Normally。

我進一步問，客戶對 Normally 實行週休三日有何反應？

克里斯說：「坦白說，公司創立之初，我們是有些擔心，心想客戶是否能接受我們週休三日的實驗？結果發生了一些不可思議的事。首先，沒有一個客戶反對我們實施週休三日，現在回過頭看，覺得很神奇。」

瑪蕾接著說：「的確很神奇。我當時真的認為這會是個問題，所幸沒有影響。」

克里斯說：「實際上，客戶反而對我們另眼相看，我們獲得他們的肯定。我們信奉一些價值，願意堅守這些價值，願意將之置於商業利益之前。這些真的贏得了客戶的尊敬。」

瑪蕾說：「多數客戶打從心底理解我們在做什麼。我想其實多數人都認為週休三日是個不錯的想法，遺憾自己沒有這樣的福氣。但我確信，多數的客戶都寧願週休三日，所以第一反應幾乎是一面倒地支持與肯定，這結果超乎我們預期。」

克里斯說：「對啊，我們以為他們可能會說：『嗯，這對我們行不通啦，我們需要你們隨時待命。』然而，他們的反應不脫『真了不起，你們做到了，我們樂於進一步瞭解你們是怎麼做到的。希望也能在我們公司實施』。」

「這千真萬確。」瑪蕾說道：「常見的第二個反應是，我們開始工作後，客戶就忘了這回事。因為最終評斷我們好壞的依據是工作成績，而非我們公司內部的安排與架構，所以他們通常會忘了我們實施週休三日。但是當他們看到我們的團隊經驗豐富，工作有效率，員工有連續三天的週末思索難解的關卡，於是工作表現、專案品質都好到超出預期，他們的反應是『不敢相信這些是花四天做出來的！』」

面對客戶的反應

公司領導人擔心實施週休三日後，客戶可能琵琶別抱，這種心情完全可以理解。在當今全天營業、全年無休的經濟體裡，隨時隨地回應客戶的需求似乎是必要條件。集體校園共同創辦人格拉夫斯基說，許多專業人士在耳濡目染之下，「誤以為客戶期待我們五分鐘之內要回應，否則就會棄我們而去。」當超時工作成了認真的標籤，減少工時不啻是冒險，讓你看起來像個外行人。在我們這一行，同事或競爭對手莫不拚命加班，連週末都在趕工，而你偏偏反其道而行縮短工作週，感覺像是在玩火。就小型公司而言（尤其是搞創意或提供專業服務者），客戶滿意度攸關存亡：少了他們的支持，領導人會憂心，而你就丟了業績和獎金。

Normally 的客戶多半是二十四小時營業的高度競爭行業，對 Normally 實施週休三日的反應大大出乎我的意料：幾乎無一例外，客戶持肯定的態度。法內爾克拉克公司的總經理凱伊說：「九九．九%的客戶給了正面回應。」羅絲．華林則表示，Kin&Co 的客戶「喜歡這個制度」。「當你交出一流的工作與成績，客戶獲悉你們公司週三下午不上班，反應是：『了不起！你們怎麼辦到的？』」

世界各地的客戶都給予肯定與積極的回應。倫敦的 Synergy Vision 主要客戶是歐洲的製藥公司。菲歐娜．道伯告訴我：「九〇%的客戶非常支持我們實施週休三日。他們說『了不起』，稱我們是有遠見的前瞻性公司。」香港的 atrain 共同創辦人葛莉絲．劉反映，客戶對實施週休三日「有非常高的評價」。在墨爾本，安娜．羅斯表示：「我們全球有四百家批發商，沒有一個人抱怨我們實施週休三日。」為什麼客戶都給予好評？

客戶在乎工作品質更甚時間

首先，多數客戶看重結果，而非你花多少時間完成。里奇．雷伊告訴客戶有關 Radioactive PR 的工時新制時，對方說：「只要你們交出的成果與我們所付的費用相符，結果跟以前一樣好，甚至更好，我們不介意。」正式的調查也證實，客戶能認可公司在四天內完成的業務。威頓＋甘迺迪的倫敦辦公室試辦一週工時四十小時的新制時，只告知了一半客戶，其他沒被告知的客戶對該公司表現的滿意度，與被告知的客戶差不多。法內爾克拉克公司利用淨推薦值（Net Promoter Score）評量客戶滿意度，詢問客戶推薦該公司的可能性（分數為一至十）。打九至十分的客戶占比減去打六分或六分以下的占比，就是該公司的淨推薦值。若得到正分表示不錯：五十分或五十分以上表示優等；七十或七十以上表示世界一流。在英國，高檔連鎖百貨公司約翰路易斯（John Lewis）、低價超市 Aldi、維珍鐵路（Virgin Trains）的分數是四十多。在美國，好市多、蘋果、諾斯壯（Nordstrom）百貨公司得分在七十以上。法內爾克拉克的分數是七十九。

客戶受惠於縮短工時

其次，某些客戶認為自身也可直接受惠。華林說：「他們瞭解你花錢雇人，如果員工累癱了，啥也沒用。」羅琳．葛雷說，追求行銷公司的客戶「知道他們會得到更好的結果，因為我們有真正上進又備受照顧的工作團隊」。

週休三日也可以提供客戶更多的自由時間。華林說，Kin&Co 週三下午不上班，「讓客戶在工作和生活間取得更好的平衡。」包曼萊恩斯建築師事務所（Bauman Lyons）發現，「週五大家不在辦公室，對雇主與合作對象都有利。」一位設計師寫道，這給了他們專心趕工的機會，畢竟今天這個社會，每個人要東西，說要就要，根本不能等，所以能不被打攬猶如禮物。

客戶喜歡與創新者合作

葛雷告訴我，追求行銷公司「與全球頂尖的科技公司合作。在科技界，不少人習慣遠距工作，也有人每天加時工作，以便減少一週的工作天數」。由於他們的切身經驗，客戶「作風非常先進，也真的能接受」一週工作四天的形態。葛雷說，即便對方持懷疑的態度，「一旦參觀我們公司，會晤工作團隊，目睹作業流程，他們就懂了。」

為客戶的未來打造原型

客戶可能看到你們公司週休三日的實驗效果不錯，也想跟進試試。客戶本身可能是二十四小時全天營業、全年無休的公司，完全清楚過度工作與身心俱疲是怎麼回事。有些客戶也正辛苦地與彈性工作、平衡的工作／生活奮戰，非常理解想努力找出解決方案的心情。協助一家公司發展解決這些問題的新穎方案，也給予他們希望，覺得自己也能改變。

一如其他客戶對週休三日的正面反應，這也是世界各地企業提出的看法。查德．皮特爾說，和思考機器人合作的公司，「許多是新創公司，特別點名和我們合作，因為他們希望灌輸自己公司能與我們相匹配的文化及價值觀。」在澳洲，麥可．漢尼表示，多數

Icelab 的客戶「覺得週休三日很酷，對這個想法感到興奮，希望能跟進。他們看到了週休三日的價值，喜歡和一群全方位發展的人合作」。在香港，atrain 的葛莉絲．劉說，客戶會問「我們是怎麼辦到的，然後對話轉為他們要怎麼辦到」。在為自己公司進行重大改革提出充分理由時，可以援引其他國家或產業的例子與實驗，但若想要更具說服力，不妨看看這些創新在你所處的生態系裡產生的效果，這些公司你很熟悉且合作多年，不僅贏得你的信任，也認同你的文化與想法，看看他們是怎麼帶頭改革。

其實有些客戶對這項實驗非常感興趣，甚至會協助合作的公司順利推動週休三日。例如，若 Normally 在週五發出電子郵件，他們會得到「你們今天不是休假嗎？」的回覆。同樣地，The Mix 的創辦人塔絲．沃克告訴我：「我偶爾會在週五寄出電子郵件，客戶會說：『妳幹嘛寄電郵給我？妳今天應該休假啊。』他們能支持我們實施週休三日，可見雙方關係甚篤。」總之，她說：「客戶真的力挺，覺得這件事很棒，真心喜歡這個想法，希望你說到做到。只要你說得出道理，得到他們的認可，他們大抵上會尊重貴公司的作法，於是週五收到的電子郵件與來電變少了，客戶會協助你實現週休三日的想法。」

該怎麼告訴客戶

floce，艾蜜莉．衛斯特：

我們盡可能地敞開心胸、誠心地告知客戶，訂出目標、解釋我們會怎麼做、目前的進度，讓他們知道此舉吸引了很多客戶，有很多人和我們合作。當你誠心解釋週休三日的理由，他們完全能理解。來詢問我們的客戶中，沒有一個說：「你們都沒有回覆。」或是「我要你盡快給我答案。」很多人都是真的感興趣，其中一人還說：「我回去要跟董事會談談這件事。」

The Mix，塔絲．沃克：

三個月的實驗結束後，我打電話給一群人，寄一堆電子郵件給客戶，告訴他們我們做了什麼，希望他們提供意見回饋。普遍來說，大家都感到意外，也很驚訝。他們並未發現我們有何異狀，而且非常支持我們，為我們感到興奮。我們得到很棒的回響，收到超級誇張、非常熱情的電子郵件，甚至帶著羡慕之情。有兩、三家公司回覆，他們內部也開始討論週休三日的可行性。

我隨即發現，不管我們怎麼想，外面廣闊的世界裡，一堆人莫不希望別人先帶頭做些什麼，然後以他們為楷模，蕭規曹隨。例如，我們有很多客戶要嘛是兼職，要嘛是彈性上班，他們覺得未獲得自己公司充分的支持，所以幾乎把我們視為同路人，認為我們能理解他們的遭遇。我們聊了很多，那些人尤其支持我們，包括重回職場的母親，以及因為各種理由採取彈性上班的人，他們都在尋找盟友。這點相當明顯，當我們說：「這是我們現在要做的。」他們立刻回道：「了不起。有人做這樣的事真棒，我們能談談嗎？」所以公司試辦週休三日時，客戶們並沒有發現，等我們告知後，他們普遍表示支持。

週休三日提升工作表現

透過諸多措施，縮短工時的公司不但能維持既有水平，甚至優於之前。

多家公司指出，週休三日之後，員工之間的協作更加緊密。在 The Mix，塔絲・沃克說：「我們更看重團隊精神，這確實抑制了個人凌駕在團隊之上的想法。共識就是我們一起努力，讓週休三日嘉惠所有人，所以必須好好合作。週休三日後，沒有人能單打獨鬥；你必須仰賴團隊成員助你實現目標。這鼓勵大家徹底合作。」強納森・艾略特則說：「公司改制為每天上班五小時後，員工**必須**成為團隊的一分子。成員之間責任分明，培養團隊精神非常重要，因為不能上了五小時的班就拍拍屁股走人，把工作丟給其他人。」

縮短工作週刺激公司善用一些科技工具，短期內也許無法提升個人的生產力，但是會提升公司整體的效率。在 flocc，他們增設了組件圖書館，收藏了替每個新客戶做的專案。只要有新的程式，雖會多花幾天的時間確實抄寫並整理歸檔，但長遠來看，可節省軟體工程師的時間。

大家也會工作得更賣力。二〇一七年在愛爾蘭蓋爾威（Galway）的飲食論壇（Food on the Edge）上，名廚艾斯本・霍姆波・邦表示，挪威奧斯陸的米其林三星餐廳 Maaemo 在實施週休三日後，「員工更開心、更有活力、更興奮。」後來，他進一步推動週休四日，稱「廚師一週工作三天，就像金頂電池廣告裡的活力兔」。

誠如我們所見，許多公司縮短工時之後，營收皆見成長，有些甚至大幅成長。南韓有機化妝品公司伊奈絲蒂在二〇一〇年試辦週休三日，二〇一三年正式公告實施。二〇一六年，公司年營收從六十億韓元成長到一百億韓元，員工從三十二人增加到五十人。瑞典新創公司 Bråth 實施六小時工時制後，從二〇一二至一五年，每年營收都翻一番。SkinOwl 自二〇一三年創立以來，每年業績倍增，至今產品已打入美國、香港、澳洲、黎巴嫩等市場，同時也在線上開賣。The Mix 實施週休三日一年之後，營收成長了五七%；同一時期，

VERSA的營收成長了四六%，淨利翻了三番。

有些新創公司即使拒絕了一般新創公司實施的工時制，還是成功爭取到創投資金的挹注。Zipdoc成立的頭兩年獲得十五億韓元挹注。蟑螂實驗室成功完成三輪募資，共募得五三五〇萬美元。Administrate獲得蘇格蘭創投家與蘇格蘭投資銀行青睞，分別在二〇一五年底與二〇一九年初獲得兩百五十萬美元與四百六十萬美元的挹注。優雅兄弟在二〇一八年十二月成功獲得三·二億美元的創投融資，資金來自南韓、新加坡與美國。眾所周知，創投家向來鼓吹科技業的過勞文化，但他們也會投資短工時的公司，只要這些公司的產品一流、潛力看漲。

週休三日，聘雇變容易了

不意外，週休三日對招聘有正面的影響。數家週休三日的公司曾接受媒體訪問，根據報導與簡介，應徵人數變多了，但是很容易分辨誰只看在縮短工時的分上，誰是真正被重新設計工作日的精神所吸引。結果，就算撇開好逸惡勞的應徵者，週休三日還是拉抬了這些公司的形象。更重要的是，他們吸引了更高階、更有經驗的應聘者，擊敗了提供更優渥薪水、地點位於大城市或產業中心的企業。

週休三日也提升了小型公司及新創公司的競爭力，足以和口袋更深的大公司一較高下。唐斯說，Normally 徵人時，「我們的競爭對手包括 Google、臉書、蘋果，我們的薪資福利無法次次都和他們競爭，你知道，我們沒有股票可以發放。」儘管愛丁堡搶科技人才搶得凶，但約翰・皮伯斯告訴我：「週休三日，每週工時三十二小時，讓 Administrate 持續成長，並且吸引一些我們原本無緣接觸的人才。」

不僅是紐約、倫敦等大城市的公司，或是位於愛丁堡這類新興科技重鎮的機構受到青睞，位於不起眼地點的公司也能利用縮短工時吸引經驗豐富的員工。里奇・雷伊說：「我們公司設在英格蘭格洛斯特郡，並非英國傳統的公關中心」，這點看似是負分，但他找到方法讓這劣勢成為 Radioactive PR 的優勢。他坦言：「我在倫敦生活了一陣子，對這個產業非常瞭解。我知道有人一旦在倫敦待了十年就會想搬到這裡，或是切爾特漢姆（Cheltenham）、科茲窩（the Cotswolds）、巴斯（Bath）等其他市郊，因為他們想擺脫城市的喧囂。」結果就在他家後院，「冒出一批位階不低的人才」，希望自己繼續活躍於職場，通勤時間短一些，不願意再回到一週六十小時賣命的工作形態，於是發現 Radioactive PR 的日程表與作法非常吸引人。同理，每天五小時的工時讓 Collins SBA 獲得應聘者的青睞，其中有些應聘者已獲得雪梨與墨爾本大型會計公司任用，還在考慮是否接受。這些人原本不會看一眼位於墨爾本以南五百九十五公里、塔斯馬尼亞首府霍巴特

（Hobart）的小公司。

因為週休三日，讓小型新創公司吸引了年紀較長、經驗更豐富的應聘者，他們原本也許不打算離開待遇較優的大公司。之所以跳槽到週休三日的公司，並非好逸惡勞，而是他們經驗嫻熟，希望適才適所，發揮他們的經驗及橫溢的才華，不願為那些把員工犧牲視為理所當然的雇主賣命。Type A Media 創辦人羅絲・泰凡戴爾說，該公司尋找的是「在大型媒體公司頂尖的佼佼者，但覺得在原公司乏了、累了」。誰是這些新創老闆的理想名單？法蘭西絲・凱伊告訴我她鎖定的對象，「雖然福利包括一個可報公帳的帳戶（例如請款交通費、交際應酬費），但是都被當成奴才。」會計師事務所法內爾克拉克接到助理會計師的求職信，他們已在較大的會計師事務所完成培訓，但老闆無意提攜他們進入晉升合夥人的軌道。或是一些較資深的會計師「在公司已經待了十至十五年，但是距離成為合夥人或董事遙遙無期」。任職於 Normally 的設計師當中，不少人對之前公司的過勞文化感到失望。瑪蕾・華勒斯伯格說：「他們等著跳槽，好讓生活跟上現實。」一如那些出走的創辦人，這些員工無法苟同超長的工時，也對一些特殊福利（諸如免費按摩、到府收送乾洗服務）興趣缺缺，反而看重連休三天的週末、清楚分明的公私界線等簡單的福利。他們珍視自己的時間，又有足夠的經驗看見週休三日透露了該公司的營運狀況及企圖心。對他們而言，縮短工作週的吸引力不輸更好的待遇。

週休三日降低了流動率

追求行銷公司在二〇一五年實施週休三日後，每年員工的流動率降至二％，這在見慣跳槽的行銷界可謂奇低的比例，不僅有助於保持高生產力，也證實不吝花錢培訓員工是對的。此外，這也替公司省了逾二十五萬英鎊的招聘費用。在格拉斯哥，公司招聘一名電話行銷員平均要花四千英鎊。多虧週休三日，追求行銷的規模從五十名員工擴編到一百二十名，卻沒有花一毛錢招兵買馬。週休三日也讓公司更容易雇到員工，而其他公司不易挖角。古德集團創辦人史帝夫．古德說：「競爭對手曾想挖我的人馬，但是週休三日幫我留住了人。」

多數縮短工作週的公司表示，員工流動率顯著下降。日本群組軟體開發商才望子實施彈性工時及週休三日後，員工流動率從二八％陡降至四％。在 IIH Nordic，週休三日後，流動率降幅達到二〇％。數家長照中心也利用縮短工時，成功降低護理師助理的流動率（參見二〇四頁公司檔案）。餐廳的員工流動率降幅也很顯著。在 Aizle，主廚史都華．雷斯頓說，實施週休三日後，「我們更能留住員工，前場職員都是做了一年多的老面孔，所以我想我們延長了他們在餐廳的壽命。」挪威奧斯陸的米其林三星餐廳 Maaemo，從二〇一六年開始實施週休三日後，員工流動率已降至零。

降低流動率的通則有個例外：有些人會選擇辭職而非接受工時被縮短。藍街資本宣布實施每日上班五小時後，亞歷克斯．嘉福德說：「有些人的反應是『這太棒了，我們試試看吧！』但新制就是行不通，因為大家無法專心工作，無法擺脫干擾，也無法避免同時處理好幾項工作。」但是執行長大衛．羅茲補充，一些人離職後，反而「為一些熱愛在這裡工作的厲害員工創造了空間，這些人確實為我們做了一些了不起的事」。在Collins SBA，強納森．艾略特說，實施每日工作五小時後，「我們更能分辨誰才是該雇用的人。我們公司非常慷慨，不想沒有選擇地隨意給，我們需要有一定水平的人加入團隊。」淘汰不夠熱情的員工，徵人時更加挑三揀四，艾略特覺得現在的團隊實力遠勝於前。他說：「如果你一年前問我，『要是從頭來過，你會回聘之前待過的人嗎？』我會說，不會。而今我會說：『我會。』」員工素質成就了週休三日，而週休三日反過來成就更好的工作團隊。

所以你如何去蕪存菁、淘汰那些好逸惡勞、只想少做點事的員工？史帝芬．阿斯托想到了一個高招．每個來應徵的人必須準備「二至三分鐘的求職影片，我們會再通知他們是否來面試」。他說：「其中半數表示：『我的工作量是辦公室其他人的三倍，這聽起來就像我目前在做的事。』所以絕對可以吸引高效率的員工。但同時也會吸引懶散的人（我不知該如何稱呼這種人）。他們躺在沙發上吃多力多滋玉米片，說：『天啊，很久以前就該有人想到這個方法。真不敢相信，這麼多年過去，竟然沒有一人提出這樣的建議。我早就不知說了**幾百遍**了。』」求職影片的確讓人容易判斷誰把上班五小時視為挑戰，誰視為可趁機偷懶摸魚。

你可能認為，吸引這麼多差勁的求職者實在不妥，但其實不然。自從宣布實施週休三日後，過了幾個月，Radioactive PR 的雷伊告訴我：「太多優秀的人寄履歷來公司，堆得到處都是，害我動彈不得，但我樂在其中。我希望最優秀的人大聲說，他們『不僅工作能力一流，在這行製造許多聲量，而且值得比其他人更高的薪水。為什麼我不去找這些人？至少聊聊也好』。」安娜．羅斯說：「週休三日吸引認真工作的人」到 Kester Black，他們「真的被週休三日所吸引」。在日本，電商公司 Zozo 不再雇用大學應屆畢業生，多年來只聘雇有相關工作經驗的人。

公司簡介

格里布長照中心：利用每週工時三十小時降低護理師流動率改善照護品質

格里布是個養老退休社區，位於維吉尼亞州羅亞諾克（Roanoke）市郊，住戶約兩百人。一如其他退休養老村，這裡分成好幾個區，為住戶提供不同級別的服務：讓仍能活動的住戶獨立生活；為永久行動不便或失智住戶提供輔助照護；為逐漸康復的病患提供熟練專業的照護。

在美國，約有一百三十萬人住在安養院，多半由合格的護理師助理（Certified nursing assistant，CNA，台灣稱護佐）負責每日的照護。助理護理師協助病患上下床、更換傷口的敷料、協助進食、穿脫衣服與洗澡、安排聯誼活動。格里布的母公司LifeSpire 執行長強納森．庫克（Jonathan Cook）說：「為上年紀、持續退化、罹患多種慢性疾病或共病症的人提供照護」，是辛苦而艱巨的工作。在美國大多數地區，這行的薪資並不優渥。專跑這線的記者詹姆士．波曼（James Berman）說：「護理師助理的薪水和速食店員工差不多，但後者不用處理病患的便盆，也無需和憤怒的家屬打交道。」許多護理師助理必須兼兩、三份差才能維持生計。因此，有些安養院每年護佐的流動率逾一〇〇%。安養院與長照中心得不斷換人與徵人，這是很大的支出，也會影響住戶與病患的生活。詹姆士告訴我：「在長照中心，除了讓臨終的病人好走之外，沒有什麼比留得住熟練的照護人員更重要了。」

儘管格里布位於偏鄉，但一樣留不住嫻熟的護理人員，面臨頻頻徵人、換人的問題。二〇一八年五月，執行主任艾倫．達爾登（Ellen D’Ardenne）試行一項創舉，有證照的護佐每工作三十小時，可領四十小時工資。這個名為三十／四十的計畫，其實是獎勵計畫。

護佐當週準時到班、不「取消」排定的班表，工作滿三十小時即可獲得四十小時工資；如果遲到或臨時打電話請病假，三十／四十的獎金就會泡湯。每日工時六小時不包括用餐的休息時間，這在人手短缺時，可以減少護佐的換手次數。這項獎勵措施在形式上確實比其他行業縮短工時的實驗更為嚴格。諸如 EDGE、優雅兄弟等公司，文化上本來就看重準時與出席率，但也沒有格里布這麼「不通人情」。不過護理這行必須在場才能做事。此外，臨時請假對同仁與安養中心都是一大負擔，因為得請其他護佐連上兩個班，或是花更多錢雇用臨時護佐。

格里布並非第一家試辦這類計畫的安養院。強納森．庫克首聞三十／四十的概念，係在印第安納波利斯（Indianapolis）一家老字號的長照中心馬奎特（Marquette）。他回憶道：「當時我對於這家安養院吸引並留得住（在這行要留住人可是了不得的成就）高水平的護佐，印象深刻。」對方說：「我們有一份候補名單，一堆有證照的護佐等著來馬奎特任職。我們可以選到人中之龍、菁英中的菁英。」

為了順利推動三十／四十計畫，格里布替十八名醫護人員增聘了九名護佐，儘管這會增加人事費用，達爾登接受雜誌專訪時表示：「根據我們不斷招聘所花費的金額……（以及）員工流動率增加的成本，這麼做完全是理所當然，想也不用想。」施行三十／四十計畫的第一年，工資與獎金共花了一四五〇二三美元，但省下了近一二二七六二美元，包括招聘成本、加班費、付給人力銀行的費用，換算下來，增聘九名護佐僅增加二二二六一美元的成本。

他們花了這筆錢得到了什麼？三十／四十計畫實施一年後，病床叫人鈴的次數下降五七%，相關感染率少了六五%，跌倒與皮膚撕裂傷顯著下降，顯示護理師能更常陪伴在病患身邊提供協助，移動病患時也更小心（摔倒也是老年人病逝的主因）。由於護理師花更多時間照顧病患，照護不會斷斷續續，於是病患服用精神藥物的比例大幅降低。在人力聘雇方面，每年流動率從一二八%下降至四四%，應徵流量翻了四倍。

類似實驗也在其他國家登場。瑞典哥德堡國營的斯華德戴倫（Svartedalens）安養院進行了兩年實驗，期間助理護理師每班工時從八小時降為六小時，但薪資照舊（後來因為中間偏右路線的政府上台，財政支出較為保守，實驗被迫喊卡）。試辦期間，安養院必須增聘十五名護理師，人事成本增加二〇%，相當於七十萬歐元（約台幣二三〇〇萬），但約有半數的增額被後來省下的支出抵銷，包括護理人員請病假與代班天數下降一五%，以及新進員工不再支領國家福利津貼，多繳的稅款多少抵銷安養院的支出。此外，安養院住院病患表示，護理師每天工時減為六小時後，照護品質跟著提升：護理師設計了更多活動，心情更輕鬆愉快，對病患的反應更積極。安養院的院長莫妮卡·艾克席德（Monica Axhede）告訴一位記者，失智症病患需要更多互動，在充分休息的護理師照顧下，「情緒明顯地更平靜。」相較於附近另一家照護中心（每班是八小時），斯華德戴倫安養院的護理師更健康，壓力也較小。該院的助理護理師艾蜜莉．泰蘭德（Emilie Telander）在二○一七年告訴英國廣播公司：「我看到每個人都是開開心心的。」

在醫療保健業，評估縮短工時計畫的總成本時，不要只看人力增加的支出。距離斯華德戴倫安養院不遠的薩爾格林斯卡大學醫院（Sahlgrenska University Hospital），在二○一五年讓八十九名整型外科醫師與護理師每日上班的時間減為六小時。這計畫並不便宜，增聘十二名員工後，每個月要多花一百萬瑞典克朗（約台幣三百萬）。不過其中一部分支出可被其他現象抵銷，包括手術量增加，因併發症住院的病患減少。醫院也大幅縮減等待看診的候補人數，病患可在幾週內掛到號，而非枯等數月之久。

週休三日與在職父母

毫不意外，縮短工作週讓在職母親受益最大，她們也最中意這類公司。就企業而言，實施週休三日為的是吸引經驗嫻熟的職場老將，這些人要照顧家庭，在公司的位階通常無法與能力相符。對當父母的員工來說，縮短工作週可以增加陪伴孩子的時間，避免讓化解家庭與事業衝突之舉被汙名化，同時把工作做得更好、家庭照顧得更周到。

企業縮短工時後沒多久便發現，專注力、確定事情的優先順序、清楚分辨公私界線等能力，更勝於耐操。誰擁有專業經驗及上述技能？Kester Black 執行長安娜・羅斯說：「重返工作崗位的母親、因為生小孩而離開職場一陣子的母親……正是我們想網羅的員工，因為她們有技能，經驗也非常豐富。」在格拉斯哥，追求行銷公司的羅琳・葛雷說，公司「聘到幾位優秀的職員」，因為公司「推出一學期一聘的定期差（term-time roles），與學校的學期起訖日期完全一致」，所以以孩子為中心的父母在時間安排上完全不衝突。

創辦人唐斯說，Normally 的週休三日制，「吸引優秀、經驗充足、專注力驚人、生產力佳的女性重返工作崗位，而且她們絲毫不覺得自己遜色。」但這也讓他意識到多數職場對待在職母親竟是如此不公平。他說：「我非常火大，我們社會竟然允許這種事發生。」

多年來，雇主努力想留住在職母親（也包括一些在職父親），但這個問題苦苦無法解決。在醫藥界這般高壓的專業職場，原本就有職員過勞與身心過度耗損等問題，而今這問題讓情況更加惡化。明明工作表現出色，卻在三、四十歲被迫離開職場，這年紀往往是一個人生產力與賺錢力最接近高峰的時候，公司若把這些人換掉，可能要付出不菲的代價：二〇〇九年的一份研究估計，換掉高績效律師可能讓美國大型律師事務所一年損失兩千萬美元，真是「一筆悔不當初的賠本生意」。

縮短工時 vs. 彈性上班

其中一個問題是，鮮少有優渥體面的工作提供彈性工時。根據二〇一五年 Timewise 顧問公司的研究，在英國，僅六％公開招聘的職缺（年薪兩萬英鎊起跳）提供彈性上下班的選項。而年薪十萬英鎊起跳的工作，比例更降至二％。在多數公司，彈性上下班是特例，而非選項。

有些公司可能提供兼職或彈性上下班的選項，卻發現沒有人使用。例如，九〇％的美國大型律師事務所都有這樣的編制，不過僅四％的律師會利用。

為什麼這些設計不受員工歡迎？即便在前衛的公司，職員若真的彈性上下班，可能背負社會學家所謂的「彈性汙名」（flexibility stigma）。採彈性工時的員工可能被貼上不夠進取、不夠可靠等標籤，甚至被嫌棄害別人的工作量增加。

於是，就算他們更勤快，確保上司不會忘了他們；也更賣命，確保自己不在崗位時，不會造成同仁的困擾或系統的不便，這些選擇彈性工時的員工還是可能被迫接手較無趣、名聲並不響亮的專案，升遷比別人慢、薪資比別人低，最後不得不求去。理論上較能掌控自己時間的專業人士，會被期待「選擇」持續地工作；就連學者也發現，如果別人沒看到他們在空閒時間自願加班做研究，可是會受罰的。

彈性汙名對女性的影響更甚於男性。首先，女性比較需要彈性上下班；再者，外界咸認為，女性必須將注意力一分為二，既要專心顧工作，也要顧家庭，在求職與升遷時不免處於劣勢。但男性職員若真的選擇彈性工時，可能也會被老闆貶低，認為少了上進心、不夠積極進取、沒有全心衝刺事業。

縮短工時與重返職場的爸媽

那些退出職場、專心扶養孩子的人面臨結構性的問題。安侯建業會計師事務所（KPMG）在二〇一七年的一項研究估計，全球有九千六百萬年齡介於三十歲與五十四歲的職業婦女辭職，中斷職涯；其中五千五百萬人曾是中階經理、高管、高階（資深）專業人士。許多暫離職場的女性可以見證，重返工作崗位代表面臨各種質疑，包括職涯選擇、對工作的承諾、繼續這份工作的機率。在英國，資誠聯合會計師事務所（PwC）的研究顯示，逾四十萬的專業女性（經理、律師、醫師、工程師）在二〇一六年自願或非自願地中斷職涯。如果她們重返就業市場，其中逾二十五萬人必須將就技術門檻較低的位子，或是不得已減少工作時數。這會導致「時薪立即縮水一二至三二%」，每年約共十一億英鎊的工資泡湯。

中斷職涯對終身收入會造成長期而顯著的影響。一項針對美國女性企管碩士（MBA）的研究發現，畢業十年後，男性MBA的收入比有孩子的同班女同學多了六〇%，而這

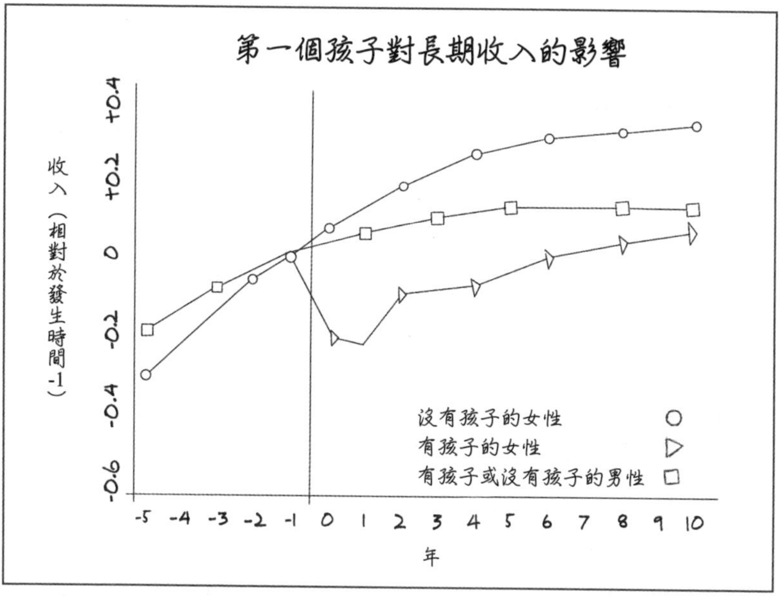

第一個孩子對長期收入的影響。丹麥政府在一九八〇年至二〇一三年期間彙整的統計數據顯示，新手媽媽的收入大幅下滑，低於有孩子或沒有孩子的男性，也不如沒有孩子的女性。

差異主要是因為女性有了孩子後，中斷職涯全職照顧小孩。就連在丹麥這種慷慨提供婦女帶薪育嬰假的國家，最近的一項研究發現，婦女有了孩子、離開職場後，收入立刻驟減，就算過了十年、二十年，收入還是比男性或沒有孩子的婦女少了二〇%。相形之下，男性當父親後，對收入的影響不具統計學上的顯著性。

所幸週休三日改變了這一切。平均而言，女性MBA有了孩子之後，每週工作時數比男性少了二四%；而公司縮短每週工作天數，正好可以縮小此一差距。這不僅消除彈性汙名，也無需中斷職涯。再者，大家都多了休假時間，可一掃原本對提早下班同仁的猜忌和不滿。縮短工時不論性別與位階，對員工一視同仁，這作法意味著，員工無需覺得自己占了彈性上下班的「好處」而內疚，必須靠額外加班來彌補罪惡感。縮短工時也讓取得工作／生活的平衡成了大家嚮往的目標。實際上，週休三日的公司鼓勵員工下了班就與工作切割，利用連續三天長假的週末做些恢復身心的活動，培養專業技能或不只是玩票性質的嗜好，並加強自我保健，在在意味著工作與個人生活之間的界線可以畫分得更清楚。

論縮短工時、彈性工作制、重返工作崗位的父母

The Mix，塔絲．沃克：

就我的觀察，彈性工作制難以克服的挑戰是，會在組織中造成權力不平衡。選擇彈性工作制的人多多少少覺得自己虧欠公司，從而生出必須對公司感恩及彌補之意。你必須負責統籌，確認每個人都清楚你的日程表，這些額外工作全落在你身上，而且必須更賣力工作，好證明彈性工作是可行的。於是這些採彈性工作的人總覺得自己的工作量到頭來是同仁的兩倍，因為他們必須不斷用工作證明自己。所以我認為你最終會面臨各種權力不均的

問題，而這意味很難把事情做好。

Icelab，麥可・漢尼：

在 Icelab，做四休三就是全職。但在其他週休二日的公司，若你做四休三，就是異類員工，代表你有缺陷或能力不足。我不知道在傳統機構裡，這種現象是否會消失，因為你可能會缺席一些重要的會議，或者無緣負責重要的專案，沒有重要專案，就無法成功展現自己的實力，所以也沒機會晉升。

上班時間是其他人的幾分之幾衍生的問題存在已久，難以解決。而這意味，對於想以兼職取代全職的人而言（不出所料，以女性居多），可能要面臨終身收入較低的系統性問題。所以從社會正義的角度來看，僅提供員工彈性工作的選項稱不上完善。這項政策對公司沒有太大影響，對選擇兼職的人來說卻更辛苦，也會有上述長期的隱性損失。

Administrate，珍・安德森：

我有一些朋友有了孩子之後，辭職當全職母親，育嬰假結束，便重返工作崗位，就我瞭解，她們無法重回舊職，也無法選擇希望上班的日子。我在這裡上班的期間懷孕生子，在正常情況下，如果之前一週工作五天，重返職場後，我希望一週工作四天就好。在這裡，我無需改變什麼，除了有了孩子，以及考慮跟孩子相關的事情。我的工作照舊，薪水也沒有縮水，一切都非常順利。對我個人及公司裡其他有家庭的同事而言，這可是天大的福利。

Insured by Us，**喬吉娜・羅比拉德**（Georgina Robilliard）：

結合週休三日及彈性工作制，讓我們招聘到希望在孩子生活中扮演積極角色的母親與父親，所以我們常看到員工送孩子到校或托兒所，或是利用週五與孩子出去踏青之類的情況。相較於實施週休二日，以及只提供雪梨辦公室這項福利，如今公司員工的性別與年齡層囊括的範圍更大。

縮短工作週協助員工成為更好的父母

做四休三不僅讓員工有更多時間育兒，也讓他們成為更好的父親。在瑞典哥德堡的斯華德戴倫安養院，護理師亞杜洛・培瑞茲（Arturo Perez）是一位單親爸爸，他說，每天上班六小時讓育兒少了一些壓力。他在二〇一六年受訪時表示：「我早上不用再催他們（小孩）快點出門上學。一切都變得輕鬆不少……我想我這個父親愈做愈好，也成了更好的照顧者。」

在職父親對養兒育女的態度

英國	積極參與育兒：	58%
	因為無法兼顧工作和育兒，而與雇主不和：	45%
	影響心理健康：	37%
	為工作影響另一半而心生愧疚：	61%
	為工作影響小孩而心生愧疚：	51%
美國	認為育兒很重要	57%
	工作／生活平衡難兩全	52%
	太少陪伴小孩	63%

針對在職父親所做的最新研究顯示，愈來愈多男性看重父親的角色，覺得今日的職場結構影響他們成為好爸爸的能力。

已做父母的員工表示，他們和孩子互動的時間更有品質。馬克．梅里衛斯特說，floc 縮短每日工時至六小時後，一位員工告訴他，因為她可以早點下班，「『我回到家時，孩子還沒就寢，趁他們不是太累，還沒鬧脾氣，可以在吃點心前和他們聊聊天。你知道，我不再只是趁開車回家的路上和他們聊天，親子之間又可以互動了。』真是不可思議。」

在這些公司上班的父母不僅有更多時間和孩子互動，和孩子共度的那一天也省了保母費或安親費。這是多位在倫敦上班的父母跟我強調的一點。在倫敦，每戶家庭可支配的收入裡，平均有五〇％用於托兒。所以週休三日等於每年替他們省下數千美元，**而且**多出數百小時和孩子共處的時間，這就是雙贏的真諦。

不分父親或母親，都能感受到縮短工時的好處與影響。在職母親在平衡工作與母親角色時，面臨了諸多挑戰。不過在已開發國家，愈來愈多人抱怨，要當個好父親得面臨結構性的挑戰。

漢尼說，在 Icelab，因為縮短工時加上遠距上班，「讓父母有機會同時當好父母及好員工。毫無疑問，他們有能力成為更好的父親。」因為「一旦孩子生病或需要父母幫忙做些什麼」，Icelab 提供了彈性。週休三日也讓 Icelab 的員工配偶受惠，「因為他們可以繼續工作，發展職涯。一般來說，往往是母親得犧牲工作回歸家庭。我們公司有不少男性員工有小孩，我想我們的工時能讓男女在育兒分工上更公平。」唐斯說，為了 Normally 的員工爸爸，「他們的小孩每週有一天可以來公司認識父親的工作。這是其他公司無法提供的福利。在我們 Normally 推動的諸多計畫中，這是我個人最自豪的成就。」

週休三日有助激發創意

週休三日之所以吸引許多行業，因為有助於激發創意。創意代理商、軟體新創公司、餐飲業者一天到晚苦思新穎的點子，尋覓激發創意的方法與手段，諸如腦力激盪、創意發想，或是借助工具提升專注力與心流狀態，甚至到其他餐廳「排演」，磨出創意。週休三日之所以能刺激創意，是因為提高了解決問題的能力，大家有更多時間去體驗能刺激創意的活動，並且在組織中培養創意思維。

職場創造力

在公司，若能拉長員工進入心流狀態的時間，能幫助他們心無旁鶩、潛心埋首於解決問題。週休三日則可以讓員工充分休息，恢復這類高強度工作所耗損的精力與體力。

縮短工時有利員工專注於最重要的問題上，少浪費些時間在令人分心或非必要的事務上。蟑螂實驗室執行長史賓塞．金伯爾說：「週一至週四，我覺得公司有了一支更專注、更敬業的生力軍，因為他們會說：『我得確保我該完成的事能如期完成。』」電玩設計師萊納斯．菲爾特說：「縮短工時不代表失去創意。專注力提升，員工更有創造力，更能快速找到解決方案。」網頁設計公司瑞瑟設計（Reusser Design）採週休三日後，使用者設計師（UX）安迪．衛爾福（Andy Welfle）寫道，這增加了軟體開發工程師「專注的時間，加上刻意減少干擾，以免被打斷工作，每日產能高於週休二日」。執行長奈特．瑞瑟（Nate Reusser）在二〇一五年接受「美國有線電視新聞網」（CNN）訪問時說：「將五個工作天壓縮至四個工作天，你不會相信我們完成了多少事。」

空出一天中絕大部分的時間讓員工集中精神工作，也讓設計師和程式工程師大大受益，因為他們需要埋首仔細探究問題才能有最佳的工作表現。軟體公司 el Mejor Trato（最佳交易）創辦人克里斯蒂安・雷奈拉（Cristian Rennella）寫道：「軟體開發工程師平均需要連續四小時工作、不被打斷，才能交出高品質、有顯著進展的工作成績。」取消連珠砲似的會議及各種干擾，程式設計師的工作品質不僅線性般提升，更以等比級數大躍進。

一週工作四天也有助於提升創意，因為員工有更多時間休息充電，恢復被工作耗損的精力與體力。如果工作被壓縮在一週四天或一天六小時之內完成，這麼高強度的工作，尤其需要時間恢復元氣。萊納斯・菲爾特說，創意工作「很費腦力」，「如果搞藝術創作或撰寫程式，很難連續工作八小時。所以我們將六小時拆成兩個班次，這樣大家就可輕鬆地保持專注力。」瑞典SEO（搜尋引擎優化）公司 Bråth AB 的執行長瑪麗亞・布拉斯（Maria Bråth）說，每個工作日的工時縮短至六小時，可讓公司員工維持一定強度的專注力與創意，讓我們公司得以和較大規模、走傳統經營路線的競爭對手爭個高下，但是「我們沒辦法連續八小時保持高度專注力」。她公司的員工可以「把八小時的」工作量「壓縮在六小時完成，因為我們充分休息了才來上班，上班時專心上班，然後下班」。

程式設計師也肯定每週工作日縮短為四天，指稱因為獲得更充分的休息，有助於在工作時保持更清醒的頭腦。Wildbit 共同創辦人納塔麗・納格里說：「清晰的思考有助於創意泉湧，週末三天連假對恢復清醒的頭腦有莫大助益。」蟑螂實驗室程式開發工程師解決問題時，需要進行「持續的抽象思考」。金伯爾說，問題能否妥善解決，靠的是工程師「清楚、不打結的頭腦」，而非「日日連續十四小時地蠻幹、猛灌咖啡因」。當然，多些非結構性的時間，可讓每個人受益。威頓＋甘迺迪倫敦辦公室的執行創意總監伊安．泰特說：「創意腦需要休息。」於是他們公司試辦縮短工作日的工作時數，用意是「保護我們員工的腦袋」。他以過來人的經驗指出：「當我的大腦累得不想動了，我鞭打它，逼它更用力思考」，但這期間「絕不會湧出好想法」。

縮短工作週也給予大家較多的時間和精力去嘗試並開發新的想法。以前一週工作七十小時的廚師，每週工作日縮短為四天後，紛紛表示有更多時間開發新菜色。史都華．雷斯頓告訴我：「每週工作四天之後，我有時間研究與開發更多產品。我當然花了更多時間設計菜色，撥出更多時間和員工一起洗碗。我想本餐廳的料理真是愈來愈厲害了。」

在萊因根斯數位公司，拉塞．萊因根斯指出，將每個工作日的工時縮減為五小時後，「我發現旗下團隊不一樣了，最讓我訝異的現象是，工作團隊早上到班後，聚精會神地處理手上的專案，完成該做的事。」這樣高度的專注力，有助於更快速地解決問題，但萊因根斯發現縮短工時刺激創意的另一種方式。「然後，他們離開辦公室，做自己喜歡的事，諸如小憩、和朋友一起吃個午餐，接著去游泳或健行。突然間，在你完全沒預料到的情況下，各種絕佳想法與創意紛紛冒出來。這些我都親眼見證。這些時日，我領悟了很多事情。」縮短工時，員工有了更多時間天馬行空，偶爾興之所至想想工作上的問題，反而有利催生創意。

據萊因根斯描述，這些憑空飛來的意外洞見與觀點，其實在我們每個人身上都發生過：如果你曾試著解決問題，但遲遲找不到辦法，過了數分鐘，在想其他事情時，突然靈機一動冒出答案，這經驗大家應該司空見慣。近一個世紀以來，心理學家用了四階段模型說明創意如何誕生：一開始是準備階段，刻意地調查與探索，努力解決問題；繼而是醞釀階段；然後是想法突然成形；最後是驗證階段，修正想法的瑕疵與不足，添加更多細節。

靈光乍現司空見慣，卻是難以解釋的神祕現象，不過最近神經科學家稍稍進一步揭開腦內的神祕活動，有助於解釋這樣的現象。當我們放鬆注意力，負責接收並詮釋資訊的神經網絡就會關閉，取而代之的是科學家所謂的預設模式網絡（DMN）。預設模式網絡可將牽涉到創意思考以及解決問題的所有腦區同步活化。預設模式似乎也偏愛你近日解決不了的問題；有些名人傳記提到傳主靠乍現的靈感解決問題，譬如十九世紀的數學家亨利・龐加萊（Henri Poincaré）與二十世紀的生物學家芭芭拉・麥克林托克（Barbara McClintock），有關他們的描述顯示，預設模式網絡負責的問題，與問題的難度和我們用心的程度成正比。腦子最近念茲在茲卻找不到答案的問題，會得到潛意識層更多的注意力，超過自己不怎麼重視，或是很久以前試著解決卻一直無解的問題。

這種創意模式結合了實驗室研究與歷史文獻，難免令人半信半疑。但如果輪廓大致無誤，那麼縮短工作週（輔以有制度的日程表、更高專注力的上班狀態、更長的休息時間），因為能提供預設模式網絡需要的素材及充分的時間解決問題，幾乎是專為刺激靈感量身訂做的制度。誠如羅絲・華林所言，休假就是「無中生有的一種方式，允許自己天馬行空、胡思亂想」。

這也多少解釋為什麼我訪問的對象中，不少人表示下班後才冒出靈感。flocc 的艾蜜莉・衛斯特說：「下了班我總是想著工作的事且樂在其中。」只不過現在只上六小時的班，感覺還是和從前不一樣。以前，「我下了班，還想著：『喔，我應該完成某件事。』」現在，「因為我清楚自己白天完成了應該做的事，也不覺得疲累，所以回家後很享受思考工作上的事，對此不再反感或受不了。」

乍聽之下，這或許顯得矛盾。在可自由支配的時間內發揮創意解決問題，可能是縮短工時的好處之一。但我們多數人也承認，漫不經心地想出點子（如健行途中），完全不同於正經八百坐在辦公桌前苦思解決之道。金伯爾說：「星期五，我可能得繼續和一個程式奮戰，只不過是以更輕鬆的方式。」同樣地，安娜・羅斯告訴我：「週五，我還是會上班兩、三個小時，只不過都跟創意有關。」而不是完成清單裡的待辦事項。

論創意與中場休息

flocc，馬克・梅里衛斯特：

縮短工時之後，讓我打心底開心的最大「副作用」，是員工願意在非上班時段花時間思考工作的事。他們進辦公室後會說：「嘿，你知道嗎，我為這事思考了一整晚，想到這問題應該這麼看才對。」我百分之九十相信，因為他們有時間讓腦袋放空，改做其他事，邊做邊想，答案就出來了。反觀如果我們把他們操到半條命都快沒了，一心只想回家，身體一癱，啥也不幹，絕不會認真思考工作的事。所以儘管他們僅須在辦公室工作六小時，但我想，他們在辦公室以外的工作時間更長，這是縮短工時之後自然產生的副作用。

蟑螂實驗室，史賓塞・金伯爾：

我常利用休假日陪伴女兒。但是我在休假日處理公事時，方式有所不同，其實這是我得到的最大啟示。休假日不需和員工開會，多數人不會進辦公室，電子郵件從高加載變成低加載。這一週，我碰到一個問題，上班日我會被會議及其他事情干擾而分心，遲遲無法專心解決。到了週五，我卻可以坐下來，專注解決這個問題。在自己的辦公室裡感到非常自在，彷彿回到家裡，替自己泡杯咖啡。我以不同的方式處理工作，往往有出人意表的結果，因為我比較放鬆，更能從容地探索問題，收穫更大。我可以在這一天解決困擾我一週的事，一部分原因是上班時無法專心，再者也是得在期限內完成，所以有壓力，有時候壓力適得其反。我聽過許多類似的例子。

萊恩根斯數位，拉塞・萊因根斯：

創意不是用逼的。你不能要員工「馬上給我想出最好的點子」。但如果他們有機會放空，去做喜歡的事，回來後可能會有二十個、甚至五十個想法，每一個都很不錯。這就是發生在我們公司的真實案例。員工放飛之後，想到好點子，回到辦公室，興致勃勃和同仁討論，大家彼此打氣把工作做好。放下工作，給自己中場休息的時間，讓大腦充電，自然能想出好點子。

週休三日提供體驗新事物的時間

縮短工時，員工有了時間體驗新事物，可研究各種課題或參與活動，豐富自己的生活與工作。在 Kester Black，安娜・羅斯說：「員工趁休息從事其他活動，週一來上班，會帶來許多有創意的新點子，讓公司品牌進一步受益。」

當今世界頂尖的廚師必須走出廚房，對他們而言，最重要的不是精通名菜或既定的煮法，而是探索陌生的美食與料理，融合世界各地的食材，自創全新的料理方式。澳洲餐廳 Attica 的最大賣點，就是將澳洲本地食材變成美食，主廚班恩．修利二〇一八年受訪時說：「過去六年我在料理上不斷創新，主要的靈感來自於烹飪與餐飲之外的領域。」同樣地，艾斯本．霍姆波．邦在二〇一七年表示，Maaemo 餐廳實施週休三日一年期間，不僅員工有時間休息，同時也「因為中場休息，改善了工作表現」。

威頓＋甘迺迪的倫敦辦公室試辦縮短工作日的工時期間，董事總經理海倫．安德魯透過電子郵件告訴我，目的之一是給每個人「更多時間培養創意，接觸各種文化，享受靈感乍現的時刻，遠離沒完沒了的會議、電子郵件的干擾」。她的同仁伊安．泰特則說：「我們的工作需要頻頻協作，不斷提出新點子。我們需要時間與空間，才有辦法消化這些想法與刺激，但是我們根本沒有中場休息時間，讓自己靜下來深思。」

大家不必去美術館或參加戲劇首演，才能接觸很棒的想法。麥可．漢尼說：「跑步時，我會有很多想法，尤其是在山徑跑步的時候。當我做的事與問題無關（不務正業的時候），會冒出許多想法，你會從看似無關的事物中找到共同的交集與類比，有助於你深化思考。如果你整個生活與工作都屬於同一個領域，就沒有這樣的機會。」在 Skift，創辦人拉夫特．

阿里（Rafat Ali）告訴我，有幾位員工是音樂家或即興喜劇演員。即興表演這門學問的訓練是，演員如果能認真聽別人說話、快速思考、延伸其他演員的想法、與團隊合作，便可以在混亂中建立秩序（與幽默）。這些是許多組織在培訓員工時，希望員工精進的特質，但是 Skift 的員工會主動學習。

公司簡介

Baumé 餐廳：利用週休三日鼓勵員工專注於重要的事物

一週縮短為四個工作天，可讓你專注於最重要的工作，也鼓勵公司重新設計文化與日程表，以提升專注力，減少令人分心的干擾。影響所及，員工提高了生產力，更忘我地投入，打造有利創新思考的空間。週休三日更協助公司尋找提升員工效率與產出的方式。長期下來提供了空間，讓你專注於生活中最重要的事，重新設計工作形態，以便實現這一點。

布魯諾．卡蒙（Bruno Chemel）與妻子克莉絲蒂（Christie）在二〇一〇年於加州帕羅阿托開設了餐廳 Baumé，坐落在宜人但不起眼的街上，沿路是冷戰時期留下的低矮房舍。餐廳附近有聯邦快遞的印務和貨運中心、健身房、香菸專賣店、便宜的披薩店、一間知名的美式小酒吧（矽谷的標準）。Baumé 開業第一年就摘下米其林星星。二〇一一年再添一星，至今仍保持米其林二星的殊榮。

布魯諾十五歲開始在一家鄉間法式餐酒館學藝，但 Baumé 與其大異其趣。他說，那裡「只有我和一位廚師，每天超時工作」。他在美國居住多年，還是操著一口法國腔與法式英語。之後，他向巴黎的名廚季．薩瓦（Guy Savoy）拜師，也在有兩百年歷史的老牌巴黎餐廳大維富（Le Grand Véfour）工作過。接著，先後在紐約、東京、檀香山的餐廳任職，直到在舊金山結識妻子克莉絲蒂，才決定定居加州。開設 Baumé 之前，他在矽谷另一家餐廳擔任總廚兩年。

布魯諾的菜單融合了經典法式料理的元素、日本對食材的態度、分子料理一絲不苟與精準的廚藝。米其林指南讚美布魯諾利用在地與當令食材，「耐心地將食物原本的味道提升到更深層次。」（Baumé 與當地一位農民合作，為餐廳栽種稀有蔬菜。）Baumé 開張時的接待客數是二十四人，供應午餐與晚餐，前場與後場共十多名員工。但布魯諾夫婦不喜歡這麼長的營業時間，也不喜歡管理這麼大餐廳的種種壓力。布魯諾一週營業五天，因為服務項目多元，需要一支龐大的隊伍，但是，「因為我一直盯著廚師或工作人員哪裡出錯，無法專心做自己的事，壓力超大，也很耗體力。每天打烊都是筋疲力盡，我心想這有什麼意義？」

他們將營業時間縮短為一週四天，深受啟發。布魯諾說：「我還年輕時，擔心自己沒有創意，但是一週工作六天或七天，被操得筋疲力盡，根本不清楚這才是剝奪我創意的元凶。」一如我們許多人，他年輕時較能吃苦，受得了超時工作，但由於長時間待在廚房，很少有機會伸出觸角探索、修正自己的不足、體驗新事物，藉此豐富廚藝。現在每週只營業四個晚上，讓他可以多花些時間待在花園與農民市場，探索舊金山灣區多元的烹飪路線，開發新菜色。他說：「現在我有更多想法，縮短了工作時間，自然而然更有創造力。一週只營業四天，也讓我們更有效率、更專注。」他們持續減法：不賣午餐、降低接客數（從二十四人減為九人），並在二〇一五年決定自己經營餐廳。布魯諾親自在廚房掌廚，稱「鬆了一口氣」，因為「我不用再對任何人大吼大叫。如果真要吼，也是對自己吼」。

餐廳菜色真的有提升嗎？「提升？」布魯諾聳聳肩答道：「我不知道，我們還沒拿到米其林三星。」不過我不覺得他和克莉絲蒂擔心這事。克莉絲蒂說：「一週營業四天，壓力減輕許多。有更多時間留給自己，有更多時間規畫，更多時間陪伴家人。」兩人似乎都不想放棄這些好處。

Baumé 的例子顯示，縮短工時可以協助領導人實現抱負，鼓勵他們專注於品質與永續的概念，而非一味追求花大錢的事業或可能造成自我毀滅的成就。對布魯諾夫妻而言，品質與永續意味放棄管理一堆的服務員與廚師，經營小而美的餐廳，所以他們可以負擔所有的工作，拒絕受邀擔任顧問或上廚藝節目亮相（不像頂級名廚季．薩瓦的校友高登．拉姆齊，亦即史都華．雷斯頓的師父）。這不代表降低自我期許：Baumé畢竟已經擠進全世界四百家米其林二星餐廳之林。但是對多數廚師來說，維持這麼高的水準需要犧牲許多，甚至染上不當的習慣，最後自毀前程。布魯諾夫婦超時工作了數十年，而今每週營業四天，讓他們大幅減壓，也踏上永續經營之路，這樣的選擇允許他們專注於開發了不起的美食、世界一流的服務，也更能掌控事業與生活。布魯諾說：「經營這麼一家小餐廳的好處是沒有壓力，而且一切在我們掌控中。」但他也說：「壞處是我們賺不了大錢，我們不可能是公墓裡最有錢的人，這點我可以跟你打包票。」

克莉絲蒂說：「但我們過得很開心。」

布魯諾說：「我們過得開心，賺足以讓自己開心的錢。有人希望賺大錢，永遠要更多，希望車庫有十輛法拉利跑車。如果我有一輛保時捷，就心滿意足了。」照矽谷的標準，那絕對是苦修士的水平。

週休三日鼓勵創新的心態

英國行銷與品牌代理商古德集團的創辦人史帝夫．古德告訴我，公司實施週休三日後，「幾乎是立刻，整個團隊開始表現得像老闆。」他很滿意團隊的表現，週休三日猶如一種回報，能讓員工開心。不斷壓榨團隊並非高招，反其道而行才是。減少工作天數，「他們會做些平常不會做的事。我現在週五、週六、週日會接到工作團隊的電話與電郵。這在以前絕不會發生。我告訴他們：『今天是週六！你們啥也不用做。』他們的反應是『沒關係，沒關係，我剛才在購物，突然想到這個，你覺得這想法如何』。」週休三日的實驗進行數月之後，他搖搖頭對我說：「他們感覺愈來愈像老闆。我能做的就是每週多給他們一天假。」

讓員工休更多假，藉此提升他們對工作的責任感，乍聽似乎矛盾，但其他公司也看到了這種成效。在 The Mix，塔絲・沃克說，員工會說：「讓我們想想現在的工作方式，我們應該做得更有效率、更有智慧，讓我們考慮一下其他的做事方式。」強納森・艾略特非常滿意五小時的工作日，發現縮短工時「激發大家生出一種心態，讓整個團隊開始思考有哪些更好的做事方式，找出挫敗的原因、障礙之所在、解決方案」。一如古德，艾略特的觀察，每個員工都更像創辦人。員工「不斷說：『嘿，這可以做得更好，這才是解決辦法。』老實跟你說，作為業務經理，如果能讓團隊主動告訴你：『我們找到了問題所在，這個方法比較好，能讓我們更有效率。』我覺得這才叫厲害」。

為什麼會這樣？縮短工作日明顯激發了員工創新的動力，而公司效能提升後，員工也有很大的機會直接受益。在傳統企業，創新的主要好處都歸公司，公司受惠後，（也許）會獎勵創新者。不過縮短工時並非增加公司財務報表最後一行的淨收入：你所做的改變，結果幾乎立竿見影——節省很多時間，大家都樂見這一點。

一旦這種創意心態養成了，無需外力叮嚀或施壓，就可以自主持續下去，並擴及全公司上下。嘗試新的作業流程、重新設計辦公室或日程表，逼得每個人（包括領導人、員工、整個組織）進入一種模式，變得更有觀察力、習慣質疑、發現並批判其他大家習以為常的假設。在一般的職場，大家都可以發現問題（這一向是茶水間的熱門話題）。縮短工作日需要搭配更有彈性的制度，接受由下而上的改變，擁抱能夠節省員工時間並且提升公司獲利的工具。這些都是為員工主導的創新而鋪路。

實際上，一旦開始，主管應該做好心理準備，因為員工會持續提出問題、挑戰常規、推動更多進展。藍街資本的亞歷克斯．嘉福德說，自從將工時縮短為五小時後，「我們改進了作業流程，在更壓縮的時間裡提高了效率，不過這是持續的過程。我心裡毫無疑問，我們一定會繼續改進流程，直到每天不需花五個小時上班。」

論如何靠縮短工時刺激創新

Wildbit，納塔麗・納格里：

為了維持週休三日，我們得做該做的事，必須知道為什麼要做這些，所以我們不斷練習提問：「這樣啊，為什麼？為什麼？為什麼？為什麼？」反問自己這些問題，設法讓我們自己及他人充分發揮實力，不停地提問，這練習實際上非常刺激，也確實讓團隊完成超有創意且思考周延的工作。

追求行銷公司，派崔克・伯恩：

我想隨著時間推移，愈來愈多重複性高或流程驅動的工作已可自動化，有關機器學習與人工智慧（AI）的討論也很熱絡，都會讓自動化進一步取代工作。不過有件事絕不會消失，也無法自動化，那就是創意。所以我們愈是鼓勵員工提高創意，找到在更短時間內創造更高價值的解決方案，放棄執行重複性工作的習慣，對大家愈好，不僅對公司好，對整體經濟及整個社會都更好。

這關乎尋找新的方案，讓工作更有效率、更有成效，進而嘉惠公司或整個社會，說到底，這是同一件事。對我們而言，我們什麼也不接受，而是質疑一切，這是我們創辦這家公司的宗旨。碰到有人說：「你為什麼實施週休三日？怎麼做才會收效？大家都是上五天班耶。」我會反問：「為什麼上五天班呢？為什麼人非要遵循某種方式？」我們公司的每個職位，從財務長、營運長、執行長到總經理，都該問自己在做什麼？有沒有更好的方式？投資的時間能否充實自己且有利公司？這才是一切的核心。對一切都要抱著質疑的態度。

週休三日提升生活幸福指數與工作滿意度

一世紀之前，在伊利諾州的霍桑工廠（Hawthorne Works），工業心理學家試行了一些方法，希望改進工廠員工的生產力，他們自認成功找到提升產能的祕方，但後來證明員工之所以更賣力工作，只不過是知道有人在旁邊觀察。實施週休三日的公司表示，員工的產能與幸福感都提升，是否為另一種霍桑效應？這些成效是否不久之後就會消失歸零？

所幸一些實施週休三日的公司的確會長時間評量員工的幸福感與工作滿意度。我參訪倫敦的 Synergy Vision 公司，總經理艾琳．加拉格爾（Eileen Gallagher）剛剛彙整了最近出爐的工作滿意度調查結果，調查時間長達六個月，亦即在實施週休三日的六個月試辦期內。她告訴我，幸福感一開始很高，到了第二個月稍微下降，因為員工還在適應，努力弄清楚如何配合週休三日（這可不是能在霍桑效應中預見的現象）。第三個月，幸福感回彈並維持在高檔。過了六個月，九七%員工為自己的幸福感打七分或七分以上（滿分是十分）。更令人印象深刻的是，非常幸福的員工人數翻了四倍：一二%一開始打九分或十分，但六個月後，有五一%員工打這個分數。

還有更驚人的嗎？受訪者表示，他們有足夠的時間完成工作，人數比例從五〇%**上升**至七九%。這多少反映大家能更有效地使用時間，但也隱含一種心理解釋：不被打斷的時間、更專注地工作，對時間快慢產生的主觀感知是時間變慢了。當你更關注自己如何利用時間，以及該把注意力放在什麼地方，你對時間的控制力會上升。一旦進入心理學家米哈里．契克森米哈伊（Mihaly Csikszentmihalyi）所謂的「心流」狀態，會扭曲一個人對時間的感知：當你愈專注於一件事，感覺時間過得愈慢。

至於提高產能方面，有些公司縮短工作週的天數已經好幾年，表示產能持續上升。在追求行銷這家電話客服與電銷中心，實施週休三日後，員工生產力仍高於之前週休二日的時期。此外，深入研究這些公司後會發現，很明顯生產力提升並非因為簡單改變一些制度：亦即縮減工時不會自動提高生產力，連暫時提升都不會。員工必須想辦法讓縮短工時成功，而他們配合縮短工時所做的改變，不是心理學使用的手段。

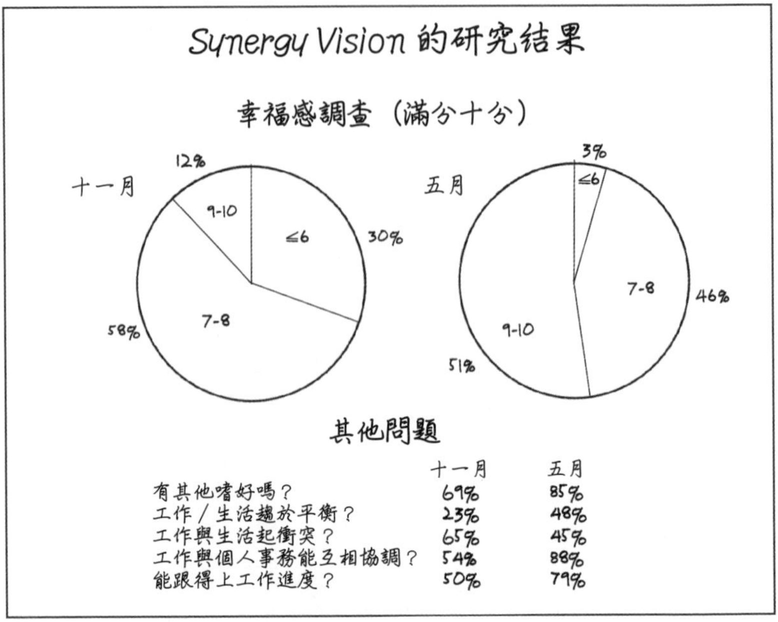

Synergy Vision實施週休三日前後，幸福感、工作／生活間的平衡、時間壓力的對照表。

最後，一份瑞典在二〇一七年所做的研究，一絲不苟地分析縮減工時對幸福感與生活品質的長期影響。研究對象是六百三十六位公職人員，服務於公家單位、療養院、客服中心等，一週工作時數縮減二五％（但薪水照舊）；七五％與伴侶同住，五〇％已為人父母。受訪者必須在實驗開始前、開始後的九個月及十八個月後，在「時間利用日記」中記錄自己是怎麼花掉一週的時間。研究員發現，九個月後，多數人把縮減工時多出來的時間花在家務、休閒興趣，而非兼第二份差，或是「花」在無益於恢復身心的活動上。研究員也發現，工作／生活更趨於平衡，工作與家庭的衝突降低，花在有償或無償工作的總時數也變少了（換言之，家務、育兒並未膨脹到占去所有的自由時間）。儘管接送孩子、收拾廚房通常不被歸類為恢復身心的活動，不過實情是，參與者有了較充裕的時間，因為無需急著完成，順勢減輕了做家務的壓力。研究員推測：「有更多時間打理家務，讓家務與義務之間有了區隔，因此較能放鬆，不覺得是負累」，同時「在休假期間騰出更多時間從事恢復身心的活動」。十八個月後，數字維持不變，顯示一旦員工適應新的模式，便傾向維持下去，繼續享受相同的好處。

週休三日催生出更優秀的領導人

拉塞・萊因根斯說，工作日工時縮減為五小時後，讓他「實現長期以來渴望的執行長模樣。之前一直忙於工作，沒有多餘的精力、心思與創意放在這上頭，所以遲遲無法實現」。縮短工時讓領導人面對諸多挑戰，但也給了他們成為更出色領導人的機會。

領導人是教練而非指揮官

將工作週縮短為四日，改變了領導力的本質。當你坐鎮一家公司，公司員工愈來愈像老闆，工作愈來愈認真專注，對公司營運的大小事一一提出問題，這時你的角色得從指揮官變成教練。

亨利克・史坦曼接受丹麥商業雜誌採訪時，將自己比喻為教練，替旗下最佳選手安排休息日，儘管選手希望一直活躍於場上。在另一次訪問中，他說週休三日提高了員工在當今快節奏世界的存活能力。能活下來，不是因為速度最快，而是適應力最強。而週休三日給了員工進化的空間。

有時候，教練式指導非常直來直往。在 Radioactive PR，里奇・雷伊說：「如果有人晚上六點還在辦公室，我會走過去跟他們說：『你在做什麼？』如果這麼晚還沒離開，而且不是因為特殊情況，顯示你的時間管理當機了，我該怎麼幫你修復？」這例子再次顯示，措辭用字得當，協助對方解決問題，而非插手下指導棋，也是教練的心態（協助對方自己找答案），而非指揮官的心態（直接下指導棋）。

有時候，教練式指導會納入公司的節奏。例如在蟑螂實驗室，自由星期五不只是讓工程師有時間試試不一樣的技術與工具。金伯爾說，「工程師喜歡花腦筋解決問題」，但「不易讓他們知所節制、抽身、深吸一口氣」，他們一旦栽進這些問題就深陷其中，即使注意力已經下降，不再敏銳，也不願抽身休息一下。自由星期五協助他們在設計全新而複雜的技術時，學習如何調整自己的節奏；這在碰上棘手問題時尤其重要，務必騰出時間休息，避免讓自己筋疲力盡。

協助員工適應縮短的工時

追求行銷公司，羅琳．葛雷：

我們必須不斷提醒團隊，不希望他們週五還來上班，而且希望他們週四下午五點半就下班，好好享受連續三天的週末假期。每個人都知道自己的角色要到什麼標準才稱得上成功，不管是電銷員，還是任職於IT、財務、數位行銷部門，大家都做到自己該做的事，替公司賺錢、賺到獎金、成功做成買賣，明白自己達標，所以週四心安理得地下班。週一上班時，不會因為週五沒現身而覺得內疚或疑神疑鬼，擔心被老闆找碴。

作為領導人，必須擺脫壓榨員工**時間**的心態（想必直覺這是榨乾員工勞動價值的辦法），而是想想該如何讓員工發揮最大**價值**。其中一個辦法是表揚模範行為。

菲歐娜．道伯說：「有時候我收到其他經理反映，宣稱如果我或董事在週末發電子郵件，員工會覺得有義務非回不可。我得用力改掉這個習慣，把週末寫好的電郵設定成延後發送。我知道週末發信不是好的表率。」在Kin&Co，羅絲．華林知道她的所作所為會為員工定調，而在三十人的公司裡，老闆的作為跟政策規定一樣重要。如今，升遷與職涯發展愈來愈困難，前途充滿更多不確定性，大家小心翼翼，擔心表現是否契合公司文化、是否展現足夠的熱情，加上公司階梯（晉升制度）被打破，建立「你」的個人品牌（自我行銷）與自由接案成為新興就業模式。在這樣的年代，成為優良模範絕對重要。

週休三日為戰略思考騰出時間

推出縮短工作日或工作週新制、讓新制在公司成功上路、調整環境讓工時新制是利多而非利空，這些在在需要領導人深入思考，弄清楚自己與公司的優先要務，掌握公司前進的路線。

就日常層面來看，這意味著勿讓電子郵件的收件匣控制自己一天的作息，勿讓其他人的優先要務決定自己的做事順序。就公司層面，則意味做好工作，清楚公司的成長與獲利目標，無需要求員工超時工作以求壟斷市場、發行ＩＰＯ（初次公開發行），或是擠入市值達十億美元的企業。領導人必須對公司的規範和未來有清楚的願景，這反映什麼才是他們的優先要務，而非迎合外界對創辦人的期待，包括他們應該怎麼表現、爭取什麼、如何評量成敗。若要做到這點，創辦人必須深入思考戰略及長期目標。

由於創辦人無需再那麼擔心縮短工時之前的種種問題，包括招聘與留人、臨時額外趕工、事事都要管的微管理、突發緊急狀況，他們有更多時間做長遠思考，也變得更有創意。在一般典型的公司，長遠思考通常一年只有一、兩次，往往在員工度假研習期間或公司正式的會議上進行，而將得出的觀點整合到日常工作中，其實很磨人。美國軟體開發商 Monograph.io 的共同創辦人羅伯特．阮（Robert Yuen）發現，多數科技新創公司創辦人「晚上與週末都還在想戰略，做一些不會得到立即回報的事」。自從他的公司（專門為小型建築師事務所開發專案管理軟體）實施週三不上班後，「我在週間就能抽出時間思考戰略，無需等到週六才有時間自問：『這週發生了哪些事？我怎麼為下週謀畫戰略？』」一週工作四天，整年都有時間思考該開發哪些新產品，**並且**注意市場可能走下坡或是消費者改變偏好的微弱訊號。強納森．艾略特說：「當你在企業擔任領導角色，必須不斷讓企業改進與改變，能否騰出時間思考各種想法與點子至為重要。」

週休三日讓領導人更有創意

就安娜．羅斯而言，「多出一天時間進行創意思考……讓我非常清楚自己想做什麼。」週休三日後，她有時間思考之前可能不會發現的新商機。她的彩指公司 Kester Black 會定期推出新顏色，她在很早就發現，多抽出一些時間思考，可幫助她敏銳嗅到尚未開發的市場。她調整了彩指配方，讓嚴守教規的穆斯林女性也能使用，結果公司的營業額大幅成長。這樣的改變是她與一位消費者閒聊後得到的靈感，後者告訴她一般的指甲油不透水也不透油。她在休假日，「開始認真思考這件事」，花時間醞釀透水也透油的指彩（這樣通透的思考不僅有利領導人與公司，也有益員工健康。二〇一八年針對科技公司員工的調查發現，「差勁的領導力與不明確的方向」是造成員工過勞的主因）。

週三下午不上班也讓羅絲・華林「有謀略、有創意、保持冷靜，領導公司邁向成功」。她養成每天空出一些時間的習慣，認識到休息的重要性，更認真看待休息這件事，讓她撥出更多時間進行謀略與創意的思考。她問道：「你是在忙碌了一天，還是早上散步之後，想出更好的點子？唯有在平靜、充分休息的狀態，大腦才會發揮更多創意。」

週休三日提升領導人的幸福感

納塔麗・納格里說，一週工作日縮短為四天後，「對領導人是艱巨的挑戰，你會說：『我得優化團隊的表現，提升我們的幸福感，同時也得提升營業額。』你會思量，到底該怎麼做？」

週休三日讓實業家忙碌的工作週多了一些喘息與休閒的空間，但不僅僅是這樣而已，週休三日還得結合專注力、休息空檔和掌控等條件，才對創辦人特別有利。二〇一二年，菲律賓針對實業家的應對策略做了一項調查，比較「積極應對」（active coping，問題出現時，正面迎戰）與「迴避應對」（avoidance coping，問題出現時，先離開辦公室放鬆紓壓），也比較新手實業家與經驗老到實業家的應對之別。結果發現，相較於新手實業家，有經驗的實業家更受惠於「迴避應對」，亦即問題出現時，先離開辦公室或處理其他事轉移注意力。但是研究員也發現，實業家若能結合積極應對（設法解決問題）與迴避應對，幸福感會更高。最後他們發現，積極應對＋迴避應對的好處要幾個月之後才會清楚浮現。

因此實施週休三日後，領導人面臨諸多挑戰，領導風格必須更周延、更有前瞻性。但是週休三日也給了領導人機會，讓自己更優秀、更開心。

大家如何利用放假時間

我參訪 The Mix 時，一些人向我透露如何度過不用上班的週五。潔瑪．密契爾說：「我投入生活管理（life admin）。洗完所有衣服，去游泳。是安靜的一整天，我很享受這狀態。」（在英國與澳洲的訪談中，很多人提到「生活管理」一詞。）設計師凱伊．波林斯沃斯（Kay Pollingsworth）說，一週多放一天假打理清單上的代辦事項，意味著「週六與週日我可以做我想做的，而非我必須做的，感覺真是太好了」。塔絲．沃克利用放假製作果醬，她說：「這是我熱愛的興趣，但製作過程非常耗時，也非常麻煩，沒法隨便弄弄。幸好週五放假，否則廚房在週日之前都會像重災區。」

在其他公司，有人會發展副業（斜槓人生）。在愛丁堡，Administrate 公司的敏捷專家（scrum master）伊安．布朗（Iain Brown）曾是橄欖球選手，現正朝個人教練邁進。在雪梨，Insured by Us 的人事與文化負責人喬吉娜．羅比拉德與友人經營外燴生意。Kester Black 的繪圖設計師利用假日接案，累積自己的作品集，打算未來開設自己的工作室。Kester Black 的創辦人羅斯當初也是一邊工作，一邊在臥室裡發展事業，所以她認為，有能力發展副業是「我能傳遞給員工的一大自由」。

在 Aizle，大家則利用放假日恢復身材。史都華．雷斯頓開始跑步。他告訴我：「我已瘦了大約二十磅。」潔德．強斯頓說：「每個人都開始鍛鍊身體。你發現日常時間表有了巨大改變，當你充滿動力又興奮時，工作表現也會好很多。」生產力提升與運動有關，科學家在其他地方也發現類似現象。瑞典研究員將實驗對象分成兩組，第一組的勞工減少工作時數並投入強制性運動，第二組勞工減少工作時數但不運動。研究員比較兩組受訪者的生產力，結果發現，相較於工時維持八小時的同仁，兩組受訪者的生產力都提高了，但有運動的第一組生產力高於不運動的第二組。

我們往往低估了腦力活動有多耗體力。在全神貫注之際，我們的大腦需要更多的食物與氧氣，所以心肺功能愈強，對大腦的補給也愈充分。運動也可以改變我們對壓力的態度：身體與大腦不太會因為壓力而退縮，反而會選擇正面迎戰。企業縮短工時後，幾乎每家公司的員工都表示自己的運動量增加了，感覺更健康、更開心。在追求行銷公司，山姆・溫格倫定期在週五帶團爬孟羅山（Munros，位於蘇格蘭，高約九一四公尺）。他說：「之前沒有週休三日，如果要去登山健行，大家不得不犧牲週六，較難凝聚團隊向心力。現在安排在週五，要獲得同仁的支持就容易多了。透過活動，大家成了工作外及工作上的死黨。」亨利克・史坦曼說，自從 IIH Nordic 改為週休三日後，「我甩了十公斤，因為我又有時間運動了。現在我更有精神，心態更開放，到了傍晚也不會覺得太累。」因為精力、耐力都優於以往，他開心地說：「我工作時間變少，但完成的工作更多。聽起來不可思議，但實情就是如此。」

多運動也意味更有時間進行創意思考。許多創辦人愛上跑步或騎自行車，因為可以邊運動、邊思考或放飛想法。強納森・艾略特告訴我：「我在騎車時，腦子最靈光。」穿梭在霍巴特街上，「進入冥想的狀態，腦內啡竄升。」如果是騎長途，他往往會在征途上想到在辦公室怎麼也想不出的解決方案。和我見面的前一天，他說：「我解決了一些問題，也想到幾個不錯的點子。」這些都是花兩小時騎車時冒出的靈感。「如果我坐在辦公桌前面對電腦，應該想不出什麼好辦法。」

讓員工有更多時間運動，也能減少員工請病假的天數。在 The Mix，潔瑪・密契爾說：「我們公司請病假的天數大幅下降。大家更充分地休息，能連續四天保持在最佳狀態。」結果，實施週休三日後的第一年，缺席率大幅下降七五％。在追求行銷公司，週休三日實施之後的第一年，請病假天數從之前每人一．三天降為〇．五天。冰島數位行銷顧問公司 Hugsmidjan 自二〇一六年將每日工時降為六小時後，病假天數下降四四％。在 IIH Nordic，如今每年來電請病假的員工不到二％。

在 Normally，週休三日後，員工有更多時間照顧自己及他人，連帶大家都過得更健康。克里斯．唐斯說：「我想公司的週休三日讓我們大幅減輕社服的負擔。我們較少用到國家醫保，因為我們會照顧好自己的身心。」員工減少日間托兒的花費，也有更多時間陪伴年邁的父母。

的確，對 Normally 多數員工來說，自由時間「差不多都在照顧某人」。瑪蕾．華勒斯伯格說：「這個某人可能是你本人，包含你的健康與身心狀態，可能是你的小孩或是生病的父母，或是任何希望你多花些時間陪伴的人。」

唐斯也認同說：「我完全同意。如果歸納大家星期五在做什麼，答案是他們在關心與照顧。」

在不斷測試的階段……

測試階段讓你有機會觀察原型的成效，瞭解大家如何根據原型向外發展，然後決定是否值得再進一步，抑或回到原點，一切照舊。

- **如實記錄新的文化與社交常規**。工作週縮短，員工改變做事方式，學習用新的方式與他人共事。他們制定新的規定、營造新的風氣，從管理協作、回應干擾、處理突發事件到一起休息用餐，都和以前不一樣。務必清楚說明這些規定：可以讓新進員工更快適應，進而思考這些作法該如何隨著時間進一步發展或修正。
- **建立內部流程，讓大家隨時交流新的想法**。辦公室裡，大家有自己的偏愛，例如有人嘗試各種行為輕推理論，所以也許不怎麼熱中參與群組軟體測試；或者有人偏愛計時器，所以不怎麼在意辦公室的空間設計。因此，務必建立一個流程或管道，透過定期（簡短）會議、線上工具、午休閒聊，甚至類似 TED 的迷你演講，讓全體員工隨時分享實驗結果。
- **和客戶保持聯繫**。在公司試辦縮短工時之初，多數人覺得必須告知客戶。尤其當你的業務只需和客戶保持零星聯繫時，最好在試辦期進入尾聲時，確認他們對你的工作及關係有何看法。

- **檢查KPI**。檢查一開始的KPI，據此比較實驗前後公司有何進展。有時候，實驗一開始顯然是成功的，有時候，新增的間接好處有利於新制常態化，有時候，一些意想不到的衝擊（例如對社交生活的影響）不利於縮短工作週。
- **做決定**。試辦期結束前，務必做出正式決定，到底是要讓週休三日永久常態化，或是成為夏季的選項，還是乾脆放棄，改回原來的工作時數。如果決定放棄，務必讓大家瞭解這項決定有理有據。但是決定繼續實施縮短工時的公司，應該反覆打造原型並測試新工具，直到可行為止，並持續尋找提高效率的作業方式。

實驗的過程中，每個人都分享了試用新工具的心得與成效，努力改進團隊的作業流程，並且在個人、專注時段、社交生活之間重新畫分界線（有時並不容易）。但是也務必讓大家交流分享週休三日是如何改變辦公室以外的生活。

- **鼓勵大家分享心得**。有些較大規模的公司設立了內部討論板或小組聊天室，讓員工分享空閒時間做了什麼；較小的公司可以快速且非正式地做到這一點。成立登山社之類的小群組是不錯的辦法，可藉機獲悉其他人在星期五從事哪些活動。或是讓員工瞭解，他們大可忽略工作狂文化傳達的賣命等於積極的訊息，放心休息。

當然這是對整個測試過程的理想描述。在真實世界，這既是反覆進行，也是即興的過程：要多次來回地腦力激盪、設定目標、打造原型、不斷測試，步驟可能重新排列或重新組合，完全根據公司或產業的特定需求而調整。有些公司在實驗初期就發現，週休三日太棒了，不該放棄。至於何時該告知客戶，每家公司差異很大。相較於大公司，小公司的員工在分享實驗心得及嘗試新工具時，形式比較不拘。務必讓整個流程適合自己的需求，這樣才會收效。

第6章 分享出去

設計思考流程的最後一階段是說出產品從無到有的整個過程，並對這整個過程提出自己的觀點。分享自己的經歷與故事，是向產品的使用者解釋產品的框架與架構，並協助其他同業，讓他們借鏡你寶貴的經驗。

本章就從一個故事開始吧：看看週休三日如何化不可能為可能，如何讓看似快斷氣的老字號企業重生。元湯陣屋（Jinya）係日本傳統溫泉旅館，實施縮減工時後，財務有了起色。該湯屋不僅靠創新與技術打出口碑，經營者也努力改革，讓傳統產業成功吸引現代年輕族群加入。

元湯陣屋的例子及其他實施週休三日公司的故事，不約而同點出一個核心。他們為落實週休三日想出的解決方案為企業革新撒下了種子，帶動典範移轉，改變了大家對工作、生產力、時間與科技的看法。

誠如我們將在本章所見，這樣的典範移轉為未來的工作點亮了一些希望，或許有助於解決勞動人口老化、氣候變遷、自動化與人工智慧等諸多逐步逼近的威脅。

日本，秦野市，鶴卷北

元湯陣屋旅館是一間小型日式傳統旅館，位於距離東京約一小時車程的神奈川縣。ryokan（漢字：旅館）一詞在日語中專指日式傳統風格飯店，請各位想像一下：榻榻米上的日式傳統寢具（日語：布団）、暖呼呼的溫泉浴、精緻且多樣的懷石料理、精心打理的日式庭園。在日本，有些傳統日式旅館不是只有外表散發著濃濃的歷史氣息而已，而是名副其實稱得上歷史悠久：最老的日式傳統旅館可是經營了有一千三百年之久！但元湯陣屋的歷史沒那麼久，館內的設施和最舊的建築物最遠也不過追溯到十二世紀。

第四代社長宮崎富夫（Tomio Miyazaki）先生自父親手中繼承這間旅館後，自二〇〇九年起與太太宮崎知子（Tomoko Miyazaki）一同經營元湯陣屋。雖說宮崎先生從小在陣屋長大，但他和太太知子接手經營陣屋前，兩人完全沒有飯店服務產業的相關工作經驗。接手後的第一年可說是挑戰重重：當時旅館本身已是負債累累，各項營運費用拖累了公司的資產負債表，還須支付一百名兼職員工的薪水。宮崎夫婦接手陣屋不過幾個月，便碰上了全球金融危機，飯店業受到衝擊。陣屋的營業額在第一年掉了四成。

當時情況實在堪憂，但陣屋其實有許多吸引人的優勢。元湯陣屋一開始係為一個顯赫武士家族所建，自有吸引賓客的絕佳條件：離東京和橫濱不遠，占地利之便。一八〇〇年代末為明治天皇造訪而建的宴客間，可供舉辦特別活動之用。除此之外，旅館內有間美麗如畫的神社、占地八英畝的日式庭園與空地（宮崎駿是老闆宮崎富夫的堂兄弟，宮崎駿小時候曾在庭園內的一棵大樟樹邊玩耍、嬉戲；據信動畫片《龍貓》內的神祕「龍貓之樹」的靈感，就是來自陣屋庭園裡的那棵樟樹）。在接手經營幾年後，宮崎夫婦穩住了旅館的財務狀況，並著手改為現代化的經營模式，促使老鋪新生。

回想當年兩人剛接手經營旅館時，太太知子回憶：「那時整個陣屋的狀態就像類比電腦般過時。旅館內只有一個人會用電腦。」猶記剛接手時，所有的客房預約都是手寫在一本大冊子上。知子在二〇一七年受訪時說道：「當時若有人使用那本冊子，其他人根本不能處理其他訂房預約。」當年知子的婆婆把所有回頭客的資訊都記在腦海中，如數家珍。當時旅館的記帳也是一團糟，而占地八英畝的旅館範圍過大，造成組織內部的溝通零零落落、時好時壞，顧客也常抱怨服務慢吞吞。那時，陣屋的經營模式還在前數位時代，若要現代化、數位化，意味著飯店要做的事多如牛毛，但這也表示，宮崎富夫只要靠一個數位平台，就可以一條鞭管理，上自客房預約、下至內部溝通與收費，全可在鍵盤上完成。

但問題是陣屋缺乏這樣的數位平台。日式旅館因為規模不夠大，不足以吸引大型資訊科技公司為旅館開發平台。此外，老旅館大都為家族經營，走傳統路線，對新科技並不在行，因此宮崎富夫決定自己來。他畢業於慶應義塾大學理工學部，接手家業前原本是燃料電池研發工程師。宮崎社長在Salesforce Connect的轉接器上設計了可在網路上共用的應用程式，一併處理會計帳務、庫存量、線上客房預約、顧客資訊、收費和聊天功能，旅館員工可直接透過平板電腦和智慧型手機取得平台上的資訊。起初有些員工對新系統頗不適應，但平台整合了員工出勤記錄，並要求所有員工將工作時數登錄於網上，員工對系統的接受度大幅提升。

採用新的數位系統平台後，在管理和顧客服務方面皆收立竿見影之效。透過數位平台，宮崎夫婦能直接監控訂房與銷售情形，可說是即時掌握旅館的財務狀況。線上聊天系統大幅減少了全員出席會議的次數，大家久久才須開一次會。顧客需求可按順序處理，也可以在平台上共享，全體員工都能看到顧客有哪些需求（這點對接待不會說日語的外國顧客來說極為便利）。當接待人員在門廳迎接客人，或是客人還在庭園漫步閒逛時，旅館員工都能在平台上記錄客人的晚餐預約及特殊需求。客人對哪些食物過敏、特別喜好哪些食物，都顯示在廚房的螢幕上，廚師可依此客製餐點。

拜數位平台所賜，旅館服務人員之間可線上即時溝通，讓員工扮演的角色也更為多元。不再僅限於崗位固有的職責，每位員工能扮演的角色更多元，有鑑於此，陣屋將部分兼職工作轉為全職。於此同時，宮崎夫婦想利用新系統下放決策權，改走分散決策的模式。傳統上，日式旅館的管理由女性主導（matriarchy）：全體員工一律聽命行事、人人嚴守本分、各司其職，不希望員工自作主張。但宮崎夫婦欲反其道而行，想要決策系統更分散，每位員工皆能自行判斷作主，並與同仁協作一同處理各項顧客需求。員工們很快便發現，宮崎社長開發的這套系統可精確掌握每位顧客的偏好和住宿經驗，當老客人回流時，便能依此改善服務品質。有了新的數位系統平台，無需像以往耗費大把心力傳遞訊息，做些曠日費時的工作，這也代表員工有更多的時間和客人互動，或是處理一些特殊要求。

日本文化中有種特質叫「omotenashi」（お持て成し，款待），意指先預想到客人可能會有哪些需求，無需客人開口便能滿足對方。新系統能讓員工即時掌握顧客需求的相關資訊，並將每筆顧客資訊記錄在網上，這套新的數位平台大大提升陣屋的服務品質，以符合「omotenashi」的要求。

穩住旅館的財務狀況、訓練員工使用新系統，以及改善服務品質絕非易事，其間辛勞自不必言。新系統上路數年後，負責旅館日常運作的知子已然筋疲力盡。故在夫婦兩人攜手度過接手初期的難關，讓旅館轉虧為盈後，二〇一四年宮崎夫婦做了一個決定：工作效率最差的星期二與星期三晚上不對外營業。此舉一出，每年營收下滑了八％，但省下的瓦斯費和電費則大大彌補了營收的損失。旅館服務品質也有所提升：全職員工獲得充分休息，人員流動率降低了。陣屋取消許多兼職工作，把原為兼職的職位改為全職，提供員工有薪假，堪稱傳統日式旅館業的一大創舉。

約莫兩年後，二〇一六年一月陣屋決定星期一晚上也不對外營業。一週僅營業四個晚上，陣屋的全體人員更能集中心力在工作上。此舉不僅能改善資產負債表及服務品質，也有助於提升顧客與員工的滿意度。一週有了幾個不對外營業的日子，不僅讓員工有機會一起參與訓練，館內也能進行修繕維護工程，還能開放電影和電視劇組人員進入陣屋拍攝，無需利用平日對外營業日，以免打擾到客人。旅館的廚師更有餘裕精進廚藝，提升服務品質。此外，知子更擴展出利潤龐大的婚禮與宴席業務。週休三日讓陣屋所有人都有了充分休息的機會。

宮崎富夫另外成立了新的資訊科技公司「陣屋連線」（Jinya Connect），專門販售自行開發的雲端管理系統給其他旅館同業。系統的安裝費為十萬日圓，月費則為三千五百日圓。目前有三百多家旅館使用這套雲端管理系統，為陣屋連線挹注兩億日圓以上的營收，且聘有十八名工程師。為了讓旅館員工更方便記錄與分享資訊，二〇一六年，這套系統增加了語音辨識功能及語音轉文字功能（speech-to-text）。除此之外，這套新系統還能記錄顧客貼在社群媒體的住宿心得文，新系統對顧客來說也頗為方便：外縣市的遊客能利用這套系統即時預訂旅館。

使用雲端管理系統的三百多家旅館，也是社群網路暨網路市集「陣屋博覽會」（Jinya Expo）的一分子。一般來說，小型家族旅館多半地處偏遠，與外界聯繫不易，但陣屋博覽會能幫助這類旅館提供彼此意見、銷出存貨，以及刊登徵人啟事。陣屋博覽會也媒合同業彼此合作，合作內容五花八門：同一地區的旅館會集體大量採購食材等日用品，以便壓低開銷。有些季節性開放的設施甚至共用員工，如夏日度假村和冬季滑雪屋用的是同一批廚房員工，這樣主廚和副主廚一年中會有更多時間共事。

陣屋大膽嘗試開發軟體與行動裝置，勇於試驗的精神並未就此打住。眼前已有精心打理的日式庭園及古色古香的客房，宮崎社長便著手安裝各種不同功能的感應器，幫助員工更有效率地管理旅館與招待賓客。當客人駕車駛入旅館時，感應器便能自動即時辨識客人的車牌號碼，並通知門房和接待人員；接到通知後，接待人員便能在客人面前喊出對方的名字，接待對方，同時自動完成住房登記手續。另一種感應器能記錄使用日式溫泉（在公共浴池中泡著熱呼呼的溫泉）的人數，該系統會通知員工更換毛巾；若水溫或水位有問題也會通知。當客人要離開時，廊道上的感應器能即時通知旅館員工出來送客。除此之外，宮崎社長也與他人合作，替其他飯店同業和小型公司開發各種商用資訊科技系統。

種種的努力不但讓陣屋的營收成長，事業版圖也愈來愈多元。二〇〇九年陣屋的營

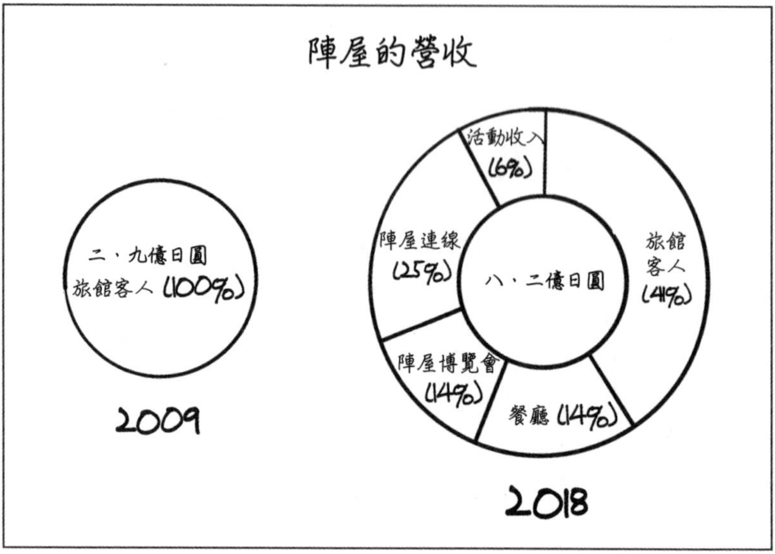

陣屋的營收來源按類別畫分。改採週休三日的工作形態後，陣屋不但免於倒閉的命運，還能轉虧為盈並多角化經營，生意蒸蒸日上。這一切都要拜週休三日所賜！

業額為二・九億日圓，營收來源多為旅館的顧客。但在二〇一八年，陣屋的營業額突破六・一三億日圓，營收來源除了旅館，還包括舉辦宴席活動與特別活動。就算陣屋目前每晚的住宿費高於以往，平均住房率仍高達七六%，幾乎是全國平均住房率的兩倍。陣屋連線與陣屋博覽會的營業額則為兩億日圓。陣屋雇用了更多全職員工，且全職人員的平均年收入也從二八八萬日圓提升到三九八萬日圓（遠比同業的平均年收入高出甚多），但整體人事成本卻下降二五%，而員工離職率不到四%。

旅館業的起源最早可追溯到歐洲中世紀；一般人或許難以想像這樣古老的行業也能開創出新的未來。難以想像的程度大概就像在倫敦塔內開一間新創科技育成中心和實作工作坊，但是陣屋做到了。採行週休三日的陣屋，向世人展現了該如何善用自由的空閒時間，改善服務品質、加強員工教育訓練、開發新產品，以及開創未來。而這個未來，便是擁有更幸福、更公平且能走得更長遠的職場環境。

十年前的陣屋瀕臨破產，如今已然化險為夷，對宮崎夫婦來說，陣屋不只是間旅館，反倒更像是試驗新軟體的「測試台」。二〇一八年宮崎知子曾在受訪時表示：「我想向業界推廣的是能適合人生不同階段的工作方式，如育兒、照護家人。我的目標是讓旅館業成為令人憧憬的行業。」

建立工作新典範

在上述的企業個案中，宮崎知子女士原本是在困境中努力求生的旅館老闆，後來進一步蛻變成致力於改善職場環境的「傳教士」，而這樣的情況其實並非特例。根據我過往訪問企業創辦人和領導人的經驗，談話多半會先聊聊實務上採行的策略和措施，但絕不僅限於此。聊著聊著，往往會談到與文化或思想有關的層面。談到 flocc 公司「每日工作六小時」措施，馬克．梅里衛斯特和艾蜜莉．衛斯特兩人皆表示，該公司一心企求「lagom」，這項措施不過是 lagom 精神的展現罷了。lagom 為瑞典語，意思為「既不多，也不少」。至於 IIH Nordic 的週休三日措施，亨利克．史坦曼曾說：「這項措施不只是星期五沒營業那麼簡單而已。週休三日更像是『北歐風格』的工作方式。北歐風的工作方式不僅是減少工作量，也向世人展示一週工作四日實為可行之道。透過這樣的工作方式，我們能善用更好的工具和方法，提高工作表現。」丹麥記者佩妮莉．嘉德．艾彼高（Pernille Garde Abildgaard）寫過一篇探討 IIH Nordic 的文章，她發現「大部分的北歐職場高度推崇以下的理念和價值：老闆與員工彼此互信、扁平的組織層級、重視工作與生活的平衡、嚮往穩固的結構，以及志在同心協力解決問題。幾乎不會強迫大家，而是聚在一起找出最好的解決之道」。

有些人則把減少工作時數當成一種沖淡當代資本主義「贏者全拿」色彩的方法。在我與高塔立槳衝浪板公司的創辦人史帝芬．阿斯托的訪談中，大多數時刻阿斯托談話的樣子就像在談生意，是極為理性的執行長。他說：「我是個資本家，『每日工作五小時』的目的，其實就是老闆想竭盡所能榨出員工的生產力。」但連說話如此資本家口吻的阿斯托，也擔心有太多公司「一味想方設法壓低員工薪水，把能自動化的工作盡量自動化；只知壓榨員工做更多，還灌輸『一週工作六十小時才是正港美國人』這種觀念」。數十年來，薪資凍漲、社會愈來愈不公平，阿斯托認為減少工作時數具有「實質的好處」，故減少工時正是每位員工所需要的（隨著亞馬遜也加入立槳衝浪板這塊市場，阿斯托公司的立槳衝浪板銷售額在二〇一六年為七五〇萬美元，到了二〇一九年則暴跌至一五〇萬美元。就算營業額下滑，阿斯托仍不願全然放棄「每週工作五小時」的措施。該公司稍做調整，將「每週工作五小時」改為六月到九月實施，稱作「夏季工作時間」。除此之外，高塔立槳衝浪板還將觸角延伸到其他產業，將位在港灣邊的辦公大樓一部分改為舉辦活動的場地，進軍電動自行車市場，並推出全新的商業市集，讓其他公司透過該市集將產品直接販售給消費者）。

重新設計工作日往往能刺激公司深入省思：我們該如何工作，以及為何工作。根據瑪蕾・華勒斯伯格的說法，想要採行週休三日制的領導人必須願意「一一檢視過往自己深信不疑的『絕對真理』，並願意著手測試自己的每個假說、挑戰自己的想法，看看這些想法究竟對不對」。華勒斯伯格還說：「週休二日制就是其一。」一旦企業領導人願意開風氣之先，大膽重新定義其他人視為理所當然之事，改變便有可能成真。華勒斯伯格接著說：「管理階層應營造一個空間、時間和環境，讓大家盡情嘗試並找出最合適的辦法。」

對許多企業而言，一開始只是務實地想解決特定且急迫的問題，如招聘員工、留用人才、平衡工作與生活、性別不平等、維持永續等問題。這些解決辦法往往進一步促使人們重新省思工作、時間、領導力等議題，也重塑企業、勞工與科技之間的關係。將碰到的問題視為設計上的挑戰（design challenge），學會化考驗為良機，能激勵我們設計出更好的工作日程表、更周延的管理方式、更開放的溝通，以及更聰明的工具。若勇於改變，願意嘗試新方法，久而久之必會改變公司對於專注力、時間與科技的看法。在縮短工作週的過程中，這些公司為改寫工作形態打下良好的基礎。

這番話聽起來也許過於誇大，但歷史殷鑑告訴我們：突如其來讓人措手不及、亂烘烘又粗暴的變革只會發生在政治圈。商業、藝術、科技與科學的變革是日積月累，絕非一朝一夕之功。在多數領域，變革始於提出解決方案。

當我想通了這個道理，我人正好立於利物浦街車站前方。這是建於維多利亞時代的火車站，離 Normally 設計公司只有幾個街區之遙。在十九世紀中期，當時的建築師大都將心神擺在設計出古典風格或哥德式的旅客大廳上，列車和鐵軌上方的拱頂則以實用的鐵條與玻璃打造而成。儘管處於一個發展快速的年代，這些建築師卻沒有試著為這樣的年代創造出全新的視覺語言，也沒想過把兩種以上的不同風格擺在一起，製造出乎意料的反差感。他們只想用既可行又最務實且最省錢的方式解決眼前艱困的工程難題，建築風格只要符合大眾的品味即可。但在十九世紀末，對雷尼・麥金塔（Rennie Mackintosh）和法蘭克・洛伊・萊特（Frank Lloyd Wright）這些才剛成年的建築師而言，火車站後方的停車棚才是設計有趣之處：在這些建築師的巧手下，利用鐵條與玻璃創造出一種全新且不受老教條束縛的建築風格，作品兼具理性、科學，還百分之百現代。麥金塔和萊特設計的建築物進一步啟發了日後包浩斯（Bauhaus）的極簡主義（minimalism）與功能主義（functionalism），以及一九二〇年代與三〇年代的國際風格（International Style）建築。這一系列的改變顛覆了建築風格，但這樣的變革絕非一蹴可幾，而是歷經數十年才開花結果。

火車站也是當時商業系統與物流系統的前端，就規模與複雜性而言都是前所未見，連帶推動了資訊管理、金融和法律的變革。為了協調數百萬計的旅客、數千個火車班次、每日貨物和燃料的運送、資金與員工，新的管理工具和資訊科技應運而生。鐵路系統率先採用當時最新的技術，如電報、碳式複寫紙和檔案編排系統，並催生了現代資本市場、監管機構、反壟斷法——這許許多多的創新與改革皆是一點一滴累積而成。

最後，鐵路改變了世人對時間的看法。為了協調火車時刻表，避免火車相撞，各車站鼓勵大家採用標準時間及時區制。時間有了標準時間與在地時間之別。西雅圖與聖地牙哥、倫敦與里斯本、慕尼黑與米蘭位於同一時區，所以沒有時差。想要協調橫跨數千英里的不同時區，讓大家的時鐘指針同步敲到同一個位置（還得驗證是不是成功做到）實在是一項艱巨的工程。為了替鐵路建造可靠的計時系統，世界各地的鐘錶匠絞盡腦汁，尤以瑞士錶匠為甚。在瑞士伯恩的專利局裡，有一位年輕人仔細分析每樣專利設計，這位年輕人——愛因斯坦（Albert Einstein）對時間有濃厚的興趣。他看著手中一個個鐘錶匠嘔心瀝血設計的產品，心中浮現一個個深奧的問題：時間與空間究竟有何關聯？日後愛因斯坦發表了著名的「狹義相對論」，文中便以鐵路系統如何協調各站的時間來解釋一個更大的問題：如何測量時間與空間的關係。

重新設計工作週的公司，初衷本為解決眼前的棘手問題，包括招聘、平衡工作與生活、提高生產力，後來則是進一步改變時間結構、為工作方式制定新規、改變大家在職場解決問題的方式，以及該如何共享這些解方提供的好處。這些公司正為業界建立全新的典範。

新典範的特色究竟有哪些？

一、**領導人定義問題，大家齊力解決**。少了領導人支持，公司自然做不到縮短工時，但若無員工積極配合，領導人也做不到縮短工時。沒有一個人可以無所不知到能靠一己之力，成功重新設計公司的工作日，必須讓每個人都參與。但話說回來，一間公司也只有執行長或老闆能決定公司的路線，拍板定案是否永久實施縮短工作日。有關靈活多變、可因應緊急狀況的謀略與決策，這是個很好的範本：指揮官負責設定目標，團隊負責想辦法落實。

二、**拚專注力，不拚拉長工時**。在企業界，大家認為長時間埋首在辦公桌前的員工才叫敬業與認真，能激勵部屬加班的主管才是好主管。但這想法落伍了。一坐就是十二小時，沒什麼了不起。倒是習慣花這麼長時間的人，需要的是指導而非褒揚。

縮短工時的企業，看重的是專注力而非時間長短：一天下來，若能保持數小時的高度專注力、高效能的團隊合作，遠比花大把時間、缺乏專注力來得更重要。由於日夜節律會影響專注力與決策能力的高低，這些公司還懂得讓工作與上班時間搭配人體的日夜節律。時間固然寶貴，但絕非分秒等值。

三、**界線清楚是好事**。承認專注的重要性，亦代表瞭解自工作中抽身以及給員工時間再充電的意義。上班期間，若能清楚畫分哪些時段該保持高度專注、哪些時段可降低專注力、哪些時段是社交時間，那麼三者的品質都會顯著提升。同理，應區分上班日與休假日之別，懂得適時放鬆，而非時時上緊發條，盡量不把工作帶回家。再者，界線清楚有助於維持工作熱情，不至於一下子就被工作壓垮，也鼓勵員工找出讓職涯走得更久的工作方式。

四、**專注力需要他人配合與保護**。我們通常把專注力視為大腦、眼睛和螢幕之間的產物，不過專注力其實與社交息息相關。欲保持專注力，必須有一段不被打擾的時段——這時段要能持續、不中斷、不受外界的干擾。我要能全神貫注，有賴於他人不打擾，反之亦然。公司若無法保護專注力，動不動就開會、搞一堆活動，或是實體與網路環境充斥讓人分心的干擾，員工自然難以全神貫注於重要的工作項目。在重視專注力的工作場所，干擾猶如吸菸，前者是效率殺手，後者則是健康殺手。

五、縮減工時的好處屬於全體員工。改採週休三日的公司和員工之間形成一種默契：若員工能想出重新設計工作日之道、找到更有效率的工作方式，省下來的時間成本回歸員工。這默契能激勵員工精進自身技能，更有效率地應用現有技術，並帶動大家齊力重新設計作業流程、工作班表與日程。公司向員工保證，若他們成功讓一些簡單的作業自動化，公司不會解雇他們。此外，縮減工時後，科技廣泛派上用場，這有助於員工強化實力，迎接更大的挑戰，成為更有價值的員工。

六、強系統而非強個人。在現今職場，大家被灌輸一個觀念——自立自強，解決工作與生活失衡、提高生產力、舒緩身心俱疲等問題。但這些解方不是人人唾手可得（專業人士和高層主管較可獲得這些資源），也會造成一些意想不到的嚴重後果（這點不妨去問問與彈性汙名搏鬥的女性），同時會逼迫個人承擔解決未果的責任，而忽略應該向整個系統究責。想要成功推行週休三日，我們必須認清，每個人面臨的挑戰都一樣，若要更有效地為所有人解決這些問題，必須從系統下手。集體提升重於個人的提升。縮短工時要能成功，需要每個人精進工作效率與協作能力，最後獲得同樣的回報。避免一個人孤身挺進，號召大家一起行動。

七、提問，然後找答案。縮短工作週有助於挑戰（反思）歷久不衰的傳統想法。多問基本問題，找出日常生活中理所當然的行為與產物背後過時的邏輯。問問題給你機會（甚至是強迫你）找出**答案**。你必須少點抱怨，多想想解決辦法。

八、**顧客是盟友**。試辦新制時，客戶自然有許多疑慮和問題。但若能好好解釋給對方聽，那麼在試辦期間，他們將可成為縮短工時的重要盟友與推手，協助你站穩腳步以免偏離軌道，並針對你的表現回饋意見。每個人都要面對層出不窮的挑戰，包括如何平衡工作與生活、發揮所長、保持職涯永續發展，也會掛慮即將到來的巨變。若你能想辦法解決這些問題，你的價值與重要性將與日俱增。

九、**公開而聰明的溝通**。重新設計工作週靠的是群力，因此組員之間需要頻繁溝通，包括後勤支援、最佳作法，乃至社交規範與企業文化都須交換意見。若是在平日，組員之間必須溝通無礙，迅速完成協調，才能提高團隊的工作效率。但組員也必須體貼其他人，抓準時間溝通；若時機不對，溝通反而變成干擾。

十、**不斷求變**。企業永不停止改變：員工來來去去，競爭對手不斷出現，消費者品味也一變再變，市場推陳出新。聰明的領導人深諳這個道理，提醒自己不可自滿，並樂於擁抱新事物。設計思考流程的一大好處，是幫助個人與企業適應一個又一個改變。

這個全新典範不僅能為領導人和企業提供一套原則與方針，有助於改善職場與職場人生，也有助於解決企業、勞工及人類全體未來會面臨的迫切問題。

藉此改善工作的未來

善用時間與科技上的種種創新改善工作形態，再也沒有比此時此刻來得更及時、更必需。鑑於過去數十年來工作模式的演變，而未來不知會如何發展，處處可見大家對工作心存不安與憂慮。我們每天都會面臨大大小小的問題，如過勞、工作與生活的平衡、零工經濟的崛起、工作與家庭兩頭燒。此外，你我理應對工作展現熱情，公司理應對員工照顧有加，但兩者往往有落差。

上述問題皆擺脫不了全球化與不平等這類更大的問題。全球化的確提升了許多人的生活水平，但也掏空了老式傳統產業、重挫某些區域的經濟和發展前景，少數菁英崛起、富可敵國。這些權貴自外於全球化對世界經濟造成的嚴重問題與弱肉強食的現象。

我們也必須面對各地對全球化與新自由主義（neoliberalism）的反撲，反撲的形式各異，有民粹主義（populism）、高漲的民族主義（nationalism）、新形態的威權主義（authoritarianism）。氣候變遷與環保問題不僅現在就要處理，也是我們與後代子孫往後數十年都得共同面對的威脅。

除此之外，近在眼前、快速攻城掠地的人工智慧與機器人，正好整以暇地等著進一步翻轉你我的日常生活、工作形態、職場環境、企業、市場與經濟。

如今是關鍵的時刻，我們必須思考工作的未來，想想個人與社會究竟如何看待工作，反思工作在生活中的地位，以及我們該如何分享勞動、生產力與自動化帶來的好處。

週休三日可幫助我們解決以上所有問題，包括今日每人每天面臨的諸多工作困擾。此外，面對菁英與員工之間、地理區域之間的財富分布不均，以及隨著勞動人口老化、產業和經濟體面臨的各種挑戰，週休三日也可以成為謀略的一環。縮短工作週可以減緩工作對能源消耗與環境造成的衝擊，也提供了一個機會，讓我們善用人工智慧與機器人提高生產力、改善勞工生活、保留就業機會（而非摧毀之）。

健康與快樂

在已開發國家，週休三日有助於改善身心健康。雖然今天的辦公室已禁菸，員工遠離二手菸，不再像電視劇《廣告狂人》（*Mad Men*）呈現一九六〇年代廣告人整天菸不離手，搞得辦公室烏煙瘴氣。但少了二手菸，員工仍須面對其他風險：差勁的管理、經濟不安全感、過勞、工作與家庭間的衝突，而過勞會導致高血壓、長期壓力、焦慮、酗酒、藥物濫用、心血管疾病等風險。

週休三日之後，員工有更多的時間休息、運動、用心照顧自己，有助於改善生理健康。此外，工作與家庭的衝突減少了，也有更多時間和朋友相處或參與各種社交活動，人就更開心幸福。

重新設計工作時間有利於公司改善經營、精進領導、打造更健康的工作環境。週休三日授權員工掌握工作的主導權，因此提高員工的幸福感以及對工作的滿意度。針對高壓職業所做的研究早就顯示，較能掌握工作主導權的員工更快樂，壓力也低於低主控權的員工（高危險職業也是同樣的情況。二戰期間，儘管戰鬥機飛行員的死亡率非常高，戰鬥機飛行員的士氣仍高於轟炸機飛行員。原因為何？因為相較於轟炸機飛行員，戰鬥機飛行員對於飛到哪、怎麼飛擁有較多的主控權）。

重新設計工作日，騰出固定時段讓員工專注在工作上，或可間接影響員工的幸福感。約克大學（York University）商學院教授羅納德．伯克（Ronald Burke）和學生所做的一系列研究可解釋這個現象。他們研究了埃及與土耳其員工後發現，工作**強度**（舉例來說，員工工作時認真的程度，而非工時長短）對員工幸福感有正面的影響。另一份針對中國大陸飯店主管所做的研究則顯示，在工作「熱情」（Passion）與「成癮」（Addiction）兩個項目中，每週工作七十小時（或更久）的人得分數高於正常工作時數的受訪者。但相較於

「成癮」項目得分較高的受訪者，「熱情」項目得分較高的人，比較不會過分沉溺於工作，對工作的滿意度更高，家庭與私人生活也更開心。重新設計工作日，明確把工作強度的重要性置於超時工作之上，重新設計工作日也鼓勵員工找到蓄積熱情而非耗盡熱情的做事方式，因此在落實週休三日的公司可發現更多開心上班的員工。

針對紐西蘭金融信託公司「永恆守護者」所做的調查，多少也提供了一些證據，顯示週休三日如何影響工作、表現、幸福感牽涉的社會與心理因素。奧克蘭大學（University of Auckland）教授賈羅德・哈爾（Jarrod Haar），在研究裡比較了該公司主管與員工在試辦週休三日前後的差異。哈爾發現，試行週休三日後，團隊的社會心理資本（psychosocial capital）與團隊凝聚力皆上升，這兩個指標可用來預測團隊的高效協作能力、工作滿意度及幸福感。員工表示，新制上路後，他們更勇於面對變化、對工作的滿意度升高、更敬業、更有能力平衡生活與工作，這一切又進一步推升員工的快樂指數。

縮短工時也改善實業家的生活與幸福感。創業會面臨各種重壓精神與心理的艱巨挑戰。加州大學舊金山分校教授麥克・弗里曼（Michael Freeman）主持的研究團隊發現，半數創業家出現至少一種心理失調症狀，罹患憂鬱症及其他心理疾病的比率遠高於平均值。在以失敗收場的新創公司中，六五%的敗因是創辦人身心累垮了。

二〇一九年，臨床心理治療師保羅・霍克邁爾（Paul Hokemeyer）寫道，估計高達

企業創辦人較易出現的嚴重心理疾病

憂鬱症	30%	2倍*
注意力不足過動症（ADHD）	30%	2倍
焦慮	27%	一樣
藥物濫用	12%	3倍
躁鬱症	11%	10倍

*與一般人相較

企業創辦人可能出現一些嚴重的心理健康問題，比一般人更易罹患一些心理疾病。

八〇%的新創實業家「飽受人格障礙（personality disorder）折磨，諸如自戀、一夕致富症候群（sudden wealth syndrome）、冒名頂替症候群（imposter syndrome）」。實業家要求員工超時工作，為公司做出重大犧牲，自己則要面對投資人的巨大施壓（交出可觀的報酬率），生活充滿不確定性，也無法擁有正常的社交生活。他們視身心俱疲為工傷，不屑好好照顧自己，認為那是軟弱的象徵；一旦成功，便享有猶如搖滾巨星的盛名，讚美、財富排山倒海而來。但這些對他們的心理健康弊多於利。

縮短工時何以能改善實業家的心理健康呢？實施週休三日後，多位創辦人反映自己不僅有了更多時間陪伴家人，也更勤於運動。一份針對瑞典實業家所做的調查解釋，何以縮短工時是合理而明智的辦法。克莉絲蒂娜・古納森（Kristina Gunnarsson）與馬林・約瑟夫森（Malin Josephson）花了五年追蹤研究二百四十六名瑞典實業家的幸福感與快樂指數，以及評量他們的生理健康、心理健康、工作滿意度、工作時數，以及工作以外的時間都在做些什麼。結果發現，影響幸福感的首要因素是社交生活：廣泛的朋友圈與活躍的社交生活代表能得到更充分的社會支持（這對企業領導人尤其重要，畢竟領導人在公司鮮少能和部屬成為麻吉），以及更自在地讓精神抽離工作。第二大因素是運動。

高齡化社會與勞動力

一週工作四天也有利高齡化的勞動力與國家。在已開發國家，勞工平均年齡不斷上升，出生率持續下降，壽命一再延長，退休變得愈來愈不可測。在一九九〇年至二〇一五年期間，全球勞動人口中，六十五歲或六十五歲以上的占比大幅上升，尤以中國、美國、英國的上升幅度最明顯。

愈來愈多老年人繼續受雇，導致全國勞動力的平均年齡跟著提高。在美國，根據勞工統計局（Bureau of Labor Statistics）的數據，自一九九〇年代中期以來，五十五歲以下勞動力的占比一直在下降（二十五歲以下的勞動力占比在一九七〇年代達到巔峰）。預

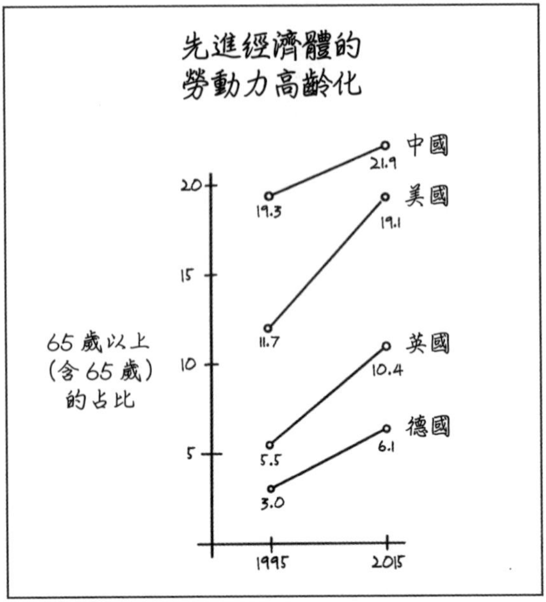

在多數的先進國家，六十五歲或六十五歲以上的勞動人口占比持續上升。這多少反映該國人口結構的變化：年輕的勞動人口下降，身體夠硬朗可持續工作的高齡勞工增加。但這現象也可能是因為存不到足夠的退休金、鼓勵高齡族持續就業的勞工政策，以及其他因素。

期在二〇二四年，美國八％的勞動人口將是六十五歲或六十五歲以上的高齡族，一八％的勞動力將是五十五歲以上。高齡族延後退休，亦即在六十五歲退休的可能性降低，一來可能是不想退休，二來可能是負擔不起退休後的生活。日本內務省在二〇一八年統計的數據顯示，日本勞動人口中，六十五歲以上高齡族的占比是一二．四％，七十歲以上高齡族占總人口的比例已經破二〇％。

這些趨勢將會繼續。根

據世界衛生組織的報告，從二〇〇〇年至二〇一六年，全球平均壽命從六十六．五歲提高到七十二歲。在日本與新加坡，二〇一九年出生的兒童預期可活到八十五歲以上。在多數歐洲國家，預期壽命是八十歲以上；在美國，人均預期壽命是七十九歲。人民不僅活得更久，也能在晚年享有更高的生活品質、更健康的生活。我們對職涯、人生、生計預想如下：認為十幾歲或二十幾歲完成正規教育，畢業後找份全職工作，一直做到六十幾歲，然後退休靠年金生活。這些假說現已行不通，而且將徹底崩解，畢竟世界變了，你我的生理與心理狀態足以活到八十幾歲或九十幾歲，甚至活到一百歲也很合理。所以二十幾歲拚命工作，希望在三十幾歲累積到足夠財富，趕在四十幾歲被榨乾之前退休，這樣的模式再也站不住腳。

經濟學家擔心，高齡化國家必須面對有增無減的社會福利支出，以及節節滑落的全國生產力。各國擬議的對策是延後退休年齡、改善國民健康，而週休三日有助於舒緩年金的壓力，亦可降低醫療保健的支出。民眾延長受雇的時間，國家的生產力也隨之提高。

此外，能繼續從事自己喜歡的工作與專業，比起被迫退休更能增加幸福感。一份好的工作是一個人獲得人生意義與滿意的來源。一如大提琴家帕伯羅．卡爾薩斯（Pablo Casals）在傳記中所寫的：「工作有助於防老。」即便在九十三歲高齡，他也力倡持續工作：「持續工作、不陷入無聊的人，絕不會老。有工作、對有意義的事物保持興趣，是最好的抗老祕方。」

認知科學家提出「用進廢退」的假說，認為認知能力猶如肌肉：不持續鍛鍊，就會萎縮；操得太過，也可能受傷。不少研究發現，年紀大的人若繼續工作或保持活躍，身心健康都優於不動的對照組。澳洲研究顯示，縮短工時不僅可幫助高齡者繼續受雇、保持生產力，同時每天工作幾小時也對認知衰老（cognitive aging）有正面的影響，亦即減緩心智衰退的速度。二〇一六年的澳洲研究發現，四十歲以上、每週工作達二十五小時的人，認知功能測驗的成績優於有全職工作或完全沒工作的人。

史丹佛長壽中心（Stanford Center on Longevity）主任羅拉．卡騰森（Laura Carstensen）主張，我們應該把職涯視為馬拉松而非短跑。既然是馬拉松，表示須照顧幼兒或年邁父母的人更易進出職場，待在職場的時間也會更長。週休三日有助於上述現象成真，讓我們留在職場更久，拉長職涯在人生之河的占比。週休三日不再那麼吹捧超時工作，也不鼓勵工作到過勞，這能夠拉近輕齡與大齡勞工之間的差距，讓雙方更趨平等。學習新工具、把一些例行工作自動化、在工作管理上維持清楚的界線，都是面對縮短工時挑戰時可行的辦法，對大齡員工特別有利。社會學家提出「工作重塑」（job crafting）的概念，意指具備重塑慣用的工作方式與範圍的能力，能協助大齡族調整與適應，保持對工作的敬業精神及高效的生產力。

紓解塞車與通勤壓力

縮短工作週可能對通勤時間與交通流量產生重大影響。

對個人而言，一週上班四天意味大量縮減上下班的通勤次數與時間。瑞典哥德堡的豐田維修中心實施每日上班六小時後，維修技術員發現非尖峰時段的通勤時間大幅減半。在紐約、墨西哥、里約熱內盧、洛杉磯等大城市，搭乘公共運輸系統上下班的員工平均每天通勤時間至少兩小時起跳。而在大樓上班的人，還得再多花幾分鐘等電梯。美國員工上班或下班平均各花二十七分鐘，如果從週休二日增為週休三日，一年下來節省的通勤時間將近整整兩天。此外，還可減少空氣汙染（汽車廢氣的空汙占比約二五％），加上較少暴露於空汙中，更加健康。

在地區或全國實施縮短工時，可作為當局決策者降低交通壅塞與避開空汙的手段與工具。政府與企業讓員工彈性上下班，以便錯開工作時間，藉此舒緩塞車狀況，並且在多個城市試辦，成效有好有壞，但尚未結合縮短工時，企業可望有更多的彈性與餘裕安排上下班時間。在菲律賓，政府商議是否立法，允許員工一週工作四天，協助馬尼拉民眾解決長時間通勤及老是塞在車陣中之苦。在印度大城孟買，每年約有三千人因為擠在人滿為患的通勤火車上而受傷。鐵道部遂建議週休三日搭配錯開上下班時間，以舒解塞車之苦，提高通勤的安全性。

減少環境衝擊

縮短工時也能大幅節能減碳。一份針對經合組織（OECD）會員國所做的研究發現，工時長短與能源消耗量息息相關，直指「工時與環境承受的壓力顯著相關」。國家若增加每週工作天數，上班族拉長每日工時，會消耗更多能源並擴大碳足跡：一項研究發現，工時每增加一％，耗費的能源增幅至多可達一．三％，碳足跡也增加一．三％，整體環境的碳足跡增加一．二％。減少通勤可降低職場的耗能量及其他影響，研究員估計，週休三日可讓一個國家的碳排放量下降一六至三〇％（儘管外界假設，較高的減幅意味薪資也跟著縮減）。瑞典的一項研究發現，大約到了二〇四〇年，每週平均工時縮減至三十小時，「將導致能源需求量的增幅顯著放緩，更易於實現對氣候的承諾。」一份美國研究分析了縮減工時對全球氣溫的影響（一直至二一〇〇年），估算出每年平均工時減少〇．五％，「很可能減緩四分之一至二分之一的（全球）暖化，所幸當今全球暖化的現象還不到無法轉圜的地步」（有鑑於目前大氣中的碳含量，全球暖化是未來數十年後必然發生之事），也可以讓全球溫度降低攝氏〇．二至一．二度。

但是自由時間多了，不是意味著有更多時間從事碳密集度高的活動？諸如開車上山滑雪、搭專機到另一個城市度週末長假，或是搭機回家探視家人。其實這類風險低於你的預期，理由如下。首先，多出來的空閒時間多半花在生活管理、運動、陪伴家人，亦即就近用掉而非跑到異地消磨。其次，多項研究顯示，有了更多的自由時間，一般不太可能拿來從事碳密集度高的活動與消費。二〇一三年一份針對工時與消費的研究發現，長工時導致家庭消耗更多碳排放高的物品：他們吃掉更多冷凍與速食食品、訂購更多外食、更愛開車或坐計程車。若他們有更多自由時間，比較會自己下廚、走路或騎腳踏車、較有時間規畫低碳的活動。時間壓力愈大，耗費的能源愈多，物質密集的休閒活動也愈頻繁（而非愈少）：長時間工作的人，比較偏愛出國度假，而非選擇就近在家附近活動；偏愛全地形四輪越野車而非健行（這類選擇受到狼性公司文化風氣的鼓吹；在智庫型的顧問公司，大家偏愛花三週到南太平洋度假，而非請半天假陪伴小孩）。

區域發展

亨利克・史坦曼認為，IIH Nordic 的週休三日制代表「北歐風格」的工作方式，特色是善用科技與智慧管理，達到更平衡的生活。位於塔斯馬尼亞與英格蘭中部的一些公司則認為，他們之所以能吸引員工捨大都會、到偏鄉工作，週休三日功不可沒。這些都點出週休三日的潛在角色，也許能作為區域差異化的工具，或是吸引求職者到經濟相對落後的地區工作。

在南韓，位於東南部慶尚北道工業重鎮的一群公司聯合宣布實施週休三日，吸引求職者從首爾南漂到當地。慶尚北道知事表示，此舉是為了「創造先進的勞動文化並增加就業機會」。

一家日本公司善用週休三日，吸引人才回流到勞工不斷外移、公司不斷出走的鄉間。日本國東時間株式會社（Kunisaki Time）是一家十五人的公司，生產瓦楞紙打造的三D人體模型及動物模型等產品，自二〇一三年以來實施四／八工時制。公司創辦人松岡勇樹（Yuki Matsuoka）在一九九五年率先使用CAD設計圖案，再用雷射切割瓦楞紙板。他花了三年時間為這項技術申請到專利許可，於一九九八年成立自己的公司。自此他的設計廣見於東京、柏林、紐約的商業展、藝術展、博物館、百貨公司。

對松岡而言，將國東時間改制為週休三日，是出於哲學、地理、經濟學等因素，三者的比重不相上下。松岡的出生地與國東時間株式會社都位於偏遠的大分縣，過去數十年來，這裡和日本其他地區漸漸有了更緊密的連結（索尼、夏普等電子公司自一九七〇年代開始，在這裡生產半導體、晶片與感應器）。但當地人口持續老化與萎縮，國東時間株式會社的廠區其實是一間小學，該校因為招不到學生而廢校。松岡認為週休三日足以吸引原本想留在東京、神戶或名古屋發展的人才。更深刻地說，週休三日是「為（下一代）創造『新生活』的方式」。松岡告訴日本一家零售商，週休三日融合「大分這塊土地的文化以及獨一無二的歷史」，吸引新進人才，卻不會打亂當地緩慢、更貼近自然的節奏。週休三日也適合設廠於當地的創意產業，讓員工有更多時間「健行、釣魚、閱讀、愛做什麼就做什麼」，同時「有助於個人精進技能、提高工作效能」。對松岡而言，這才是員工再造、工作再造、區域再造之道。

技術創新

一如所有產業，實施週休三日的公司也仰賴技術協助員工提高產能與效率，改善溝通與協作，提供領導人所需的數據以便提高管理成效，以及輔助與客戶之間的協調工作。不過他們採納與使用科技的方式各有各的特色，值得我們注意，我們可參考這些線索，以便更有效率、也更有溫度地將新科技引介到未來的職場。

首先，他們善用工具與技術，以輔助員工的認知能力與體能，而非取代員工。新技術可以輔助與精進員工的感官、體能、人類特有的技能，因此有助於保住勞工的飯碗與工作。反之，新技術也可以複製人類的能力，讓機器與人相爭，資本家覺得無需再花錢請勞工，最後摧毀人類的工作，導致人類失業。藍街資本使用 DocuSign，法內爾克拉克公司使用雲端會計系統，Normally 使用協作軟體；他們這麼做的目的是提高員工與團隊小組的工作速度。

其次，實施週休三日的公司授權員工自行選用並實驗新工具，亦即讓員工擁有生產的手段與工具（以及演算法和數據）。IIH Nordic 由下而上推動技術創新，授權程式工程師勇於嘗試新穎的方法與作法，員工在工作場所擁有充分的權力。當員工擁有自己的技術與工具，愈可能茁壯與發光，假以時日技術會更熟練，更有機會從事較高價值的工作項目。

此外，能夠精通設計一流的技術，這件事本身就足以讓人感到滿意。讓技術輔助員工，以便出現一加一大於二的效應，不僅可以降低機器取代勞工導致的失業率，也可以栽培出更出色、更開心的員工。

強調擴增（augmentation）以及讓員工全權掌控的技術值得我們關注，因為這些技術提供了設計的模板，作為設計下一代人工智慧與機器人之用。過去幾年來，大家熱議工作的未來，辯論焦點圍繞在這些技術到底會淘汰工作，還是創造全新且更好的工作類別。到目前為止，結果好壞參半。

想想新技術在放射醫學與外科醫學這兩個領域產生哪兩個截然不同的影響。傳統上，放射科醫師是醫院裡專業技術含金量最高的醫師之一，放射科專科醫師的訓練期長，收入也令人垂涎。但線上系統上路之後，海外醫師可以遠距分析X光片，費用是美國放射科醫師的幾分之幾；加上最近機器視覺系統（machine vision systems）顯著成長，判讀能力比專業人士更精準，因此年輕醫師在選擇專科時，放射科的吸引力已不若從前。反觀機器人手術系統可讓專家在數千里之外為患者動手術，或是在野戰醫院進行緊急手術，但它們並未取代外科醫師；正好相反，這些技術與外科臨床實踐相結合，而過去十年來，腹腔鏡與機器人手術愈來愈夯，成了新興的外科領域。外科手術不論在生理上或社會上都是一門複雜的專業；即使是例行的外科手術，也需要醫師、護理師和其他專家共組團隊（就連清理手術室的人員也須接受特訓），一起合作。

餐廳的廚師出菜或是廣告人接手一個新的廣告活動，本質上和外科手術類似：都需要專業技術、協作、合作。的確，很多看似「簡單」的工作，細看之後才發現相當複雜。面對這類工作，若想利用科技進一步提升產能，最好的路徑是設計、應用一些工具，讓手藝已然成熟的員工藉由機器與工具提高工作表現，而非以機器人取代員工。實施週休三日的公司證明，放手讓員工擁有創新的自主權，自行選擇使用哪些技術，可以避免新技術造成數千萬人失業的反烏托邦現象，甚至反過來保住人類的工作機會，同時改善工作品質，提升公司產能。

週休三日蔚然成風

過去的一年（二〇一九年），大家顯然對週休三日愈來愈感興趣，原因是一些實例被廣泛報導，諸如紐西蘭的信託公司永恆守護者，該公司的創辦人安德魯．巴恩斯公開倡議縮短工時。該公司自二〇一八年三月開始試辦週休三日，七月便決定將每週上班四天常態化。九個月後，紐西蘭分屬不同產業的另外十八家公司陸續跟進，改採週休三日。The Mix 發表了實施週休三日的報告後，數十家公司聯繫創辦人塔絲・沃克。她說，其中「大概有二十或三十家公司」在二〇一九年七月之前，實驗週休三日的可行性。都會裡也有多家公司紛紛擁抱縮短工時。在愛丁堡，兩家餐廳追隨 Aizle 的步伐，在二〇一九年實施週休三日，分別是米其林星級餐廳 21212，以及新開張的餐廳 Fhior。英格蘭小鎮諾維奇有三家公司將每日工時縮短為六小時，分別是法內爾克拉克、flocc、曲球媒體（Curveball Media），它們也分享各自的經驗。在瑞典哥德堡，市政府、一家學術醫院、一間長照中心、豐田汽車維修中心，都開始試行每日工作六小時。

週休三日也在不同的產業自然而然地擴散增生。在餐飲業，一些在哥本哈根 Noma、巴黎 L'Astrance 等米其林餐廳上班的廚師，經歷了週休三日的洗禮，出來在其他城市開業時，也把週休三日帶到自己的餐廳。縮短工時運動更蔓延到走運動休閒風的餐廳。美國阿拉巴馬州連鎖燒烤餐廳 Baumhower's Victory Grille 的老闆是前足球明星鮑伯・鮑姆豪爾（Bob Baumhower）。二〇一八年底，面對餐飲界普遍存在的問題——留不住員工（不論是前場還是後場的員工），鮑姆豪爾決定讓餐廳經理與廚師週休三日。他在二〇一八年的一篇訪談說道：「我們的經理若能平衡生活與工作，才能為客人提供更周到的服務，這道理不用想也知道。有趣的是，這想法是如何冒出來的？你會好奇：『為什麼我們幾年前沒想到要這樣做？』」速食連鎖店 Shake Shack 宣布，拉斯維加斯分店的經理從二〇一九年三月試辦週休三日，繼而在同年春天將計畫擴大至西岸其他分店。

我提及的這些公司實施週休三日，各有各的動機：吸引求職者、降低員工流動率、支持平衡的工作與生活、希望員工可與公司長期合作、提高創意。政府法規並未左右他們的決定，但是未來政府可以扮演更吃重的角色，為週休三日推一把。

在歐洲，比利時、丹麥、瑞典的工會與政黨建議改制為週休三日或一週工時三十小時，以因應自動化的趨勢，或據此協助必須撫育幼兒的受薪族。英國職工總會（TUC）在二〇一八年底提出週休三日的訴求。次年，英國工黨的次團體建議黨中央支持週休三日。在某些國家，工會協議規定五十五歲以上的勞工可選擇彈性工時。

這些努力能幫助週休三日在西方國家普及。另外一匹大黑馬是中國。在二〇一九年初，河北省建議企業界與當地政府週五下午不上班，希望刺激國內消費與休閒消費。在此之前，中國社會科學院提議在二〇三〇年左右全國實施週休三日，並規畫了十年藍圖，二〇二〇年先小範圍地從上海、重慶、北京等大城市的國營企業開始，二〇二五年擴及其他地區及更多產業。社科院的報告主張，週休三日有助於維持高齡勞動力的生產力，讓國民提高在服務業、休閒業、觀光業的支出，也讓婚育父母更容易待在工作崗位上。

經濟學家預測，屆時中國人口將達到十四．五億，是全球最大經濟體，亞洲將是全球經濟的引擎（二〇三〇年，全球五大經濟體中有四大位於亞洲，依序是中國、印度、日本、印尼）。中國將成為二十一世紀經濟成長與企業行為的表率，一旦決定全面落實週休三日，世界其他國家很難不跟進。與中國企業打交道的外國公司將與他們同步，而中國的競爭對手則被迫仿效（以色列建國初期，一週始於週日，終於週五下午，週五晚間至週六晚間是安息日。而今多數以色列軟體公司的上班日是週一至週五，以便和歐美客戶接軌）。

如果覺得大型經濟體落實新制工作週是不可能的任務，請看以下這個例子：中國不久前才這麼做。該國經過八年的研究與一年的實驗，在一九九五年五月一日宣布，工作週從原本六天縮短為五天，而經濟持續以兩位數的速度成長。記憶中，中國並非唯一從週休一日改制為週休二日的國家。斯堪的納那亞半島的北歐國家，以寬鬆的工時、平衡的工作與生活為世人稱道，在一九六〇年代正式實施週休二日。南韓在一九七〇年代改制為每週工作五天，二〇一八年通過立法，規定每週工時不得超過五十二小時。一如週休二日、每日工時八小時在二十世紀成為全球的標準與常態，隨著中國計畫在二〇三〇年改制為週休三日，週休三日可望成為二十一世紀的標準工作制。

結語

指彩公司 Kester Black 創辦人安娜．羅斯接受澳洲作家庫拉．安東尼洛（Kura Antonello）訪問時表示：「我們採用了一週工作四天，因為週末休了三天長假後，沒什麼能難倒我們。」長期以來，大家認為週休三日似乎不可行。超時工作導致的過勞成了大家耳熟能詳的普遍現象；這現象的背後牽涉到文化、心理、組織、經濟力等多元因素與勢力。加上社會盲目地崇拜與歌頌忙碌，導致大家認為過勞似乎理所當然，也不可避免。

但是企業發現，現在**有可能**走出一條新路徑，創造較平衡的工作方式。IIH Nordic、Zozo、優雅兄弟、Noma、Normally、蟑螂實驗室等公司的經驗顯示，只要找到方法，週休三日是可行的，這些方法包括重新設計工作日、消除干擾與忙不停的習慣、規畫一段不受打擾的時段讓員工全心聚焦於工作、周全規畫專案及工作流程（以免出現意外，不得不加班）、尊重人有時必須抽離工作、承認上班需要休息的空檔（這能提升員工的生產力及工作效能）。這些公司證明，縮短工作日或工作週並不會犧牲產能、營業額或獲利，也不會節節敗退，讓競爭對手攻城掠地。

週休三日也對公司內部、文化有諸多好處。首先，週休三日對員工的誘因夠大，足以鼓勵他們實驗新的工作方式，試用新的工具與技術，找出讓例行工作自動化的辦法，以及營造高生產力的文化。週休三日也彰顯，注意力與工作滿意度具有重要的社會影響力，但往往被忽視。另外，也鼓勵大家看見兼顧父母角色與職涯發展的兩難、平衡工作與生活面臨的挑戰，這些難處屬於結構性問題，絕非個人需求而已。這樣的體悟會調整（改變）領導人對時間的態度，不再認為過勞是敬業的象徵，反而代表員工工作效率不佳，或者組織生病了。週休三日提高了產能與收益，既嘉惠公司也嘉惠員工。這樣的好處共享進一步證明，工作表現提高與空閒時間變多，兩者的關聯性一清二楚。反對新自由主義與全球化的人士指出，勞工階級的薪資數十年來原封不動，就連專業人士也承受愈來愈大的不確定性；在這樣的背景之下，縮減工時為受薪族提供一項完全不容取代的資源：更多時間。

勇於實施週休三日的公司，分布在多個不同的產業及大大小小的國家，顯示週休三日規模儘管仍小，已是全球性運動，而且持續茁壯（在我撰寫結語之前，又有兩家公司宣布試辦週休三日！）。將這些公司視為勇於冒險的先行者，研究他們的例子，借鏡他們的經驗，此時不做，更待何時。該是一週工作四天的時候了，因為當你親身實驗之後，其他一切再也難不倒你，沒有什麼不可能的事。

謝辭

若沒有人願意對我說出自己的故事、回答問題、分享自己的經歷，以及帶我參觀他們的辦公室和餐廳，我不可能完成這本書。深深感謝以下這些願意實際縮短工作天數的人，讓「更短的工作天數」不再只是空想，謝謝你們的慷慨襄助：史帝芬・阿斯托（Stephan Aarstol）、拉法特・阿里（Rafat Ali）、珍・安德森（Jen Anderson）、海倫・安德魯（Helen Andrews）、伊安・布朗（Iain Brown）、派崔克・伯恩（Patrick Byrne）、黎・卡納漢（Lee Carnihan）、布魯諾・卡蒙與克莉絲蒂・卡蒙（Bruno and Christie Chemel）、強納森・庫克（Jonathan Cook）、保羅・科爾科蘭（Paul Corcoran）、菲歐娜・道伯（Ffyona Dawber）、格雷琴・德佛特（Gretchen DeVault）、克里斯・唐斯（Chris Downs）、阿特瑪・艾柏吉吉（Atemad El-Berjiji）、強納森・艾略特（Jonathan Elliot）、萊納斯・菲爾特（Linus Feldt）、喬伊・佛雷（Joi Foley）、亞歷克斯・嘉福德（Alex Gafford）、艾琳・

加拉格爾（Eileen Gallagher）、史帝夫・古德（Steve Goodall）、羅琳・葛雷（Lorraine Gray）、潔西卡・葛雷哥萊（Jessica Gregory）、詹維・古德卡（Jhanvi Gudka）、麥可・漢尼（Michael Honey）、華倫・哈金森（Warren Hutchinson）、潔德・強斯頓（Jade Johnston）、薇琪・卡瓦諾（Vicki Kavanaugh）、法蘭西絲・凱伊與詹姆士・凱伊（Frances and James Kay）、肯恩・凱利（Kenn Kelly）、金逢進（Bong-Jin Kim）、史賓塞・金伯爾（Spencer Kimball）、瑪蕾克・克里茲（Marek Kříž）、葛莉絲・劉（Grace Lau）、洛克曼・劉（Lokman Lau）、奧立佛・勞爾（Oliver Lawer）、里奇・雷伊（Rich Leigh）、潔瑪・密契爾（Gemma Mitchell）、馬克・梅里衛斯特（Mark Merrywest）、納塔麗・納格里（Natalie Nagele）、中根有美香（Yumika Nakane，音譯）、浩南（Ho Nam，音譯）、仁科郁夫（Ikuo Nishina，音譯）、查德・皮特爾（Chad Pytel）、約翰・皮伯斯（John Peebles）、凱伊・波林斯沃斯（Kay Pollingsworth）、史都華・雷斯頓（Stuart Ralston）、拉塞・萊因根斯（Lasse Rheingans）、大衛・羅茲（David Rhoads）、喬吉娜・羅比拉德（Georgina Robilliard）、安娜・羅斯（Anna Ross）、柳振（Jin Ryu，音譯）、簡・舒茲—霍芬（Jan Schulz-Hofen）、大衛・史考特（David Scott）、約翰・史洛揚（John Sloyan）、丹尼爾・史賓賽（Daniel Spencer）、亨利克・史坦曼（Henrik Stenmann）、傑森・斯托克伍德（Jason Stockwood）、羅絲・泰凡戴爾（Ross Tavendale）、安妮・泰佛林（Annie Tevelin）、克

里斯・托雷斯（Chris Torres）、安利坦・瓦利亞（Amritan Walia）、塔絲・沃克（Tash Walker）、羅絲・華林（Rosie Warin）、山姆・沃恩格倫（Sam Werngren）、艾蜜莉・衛斯特（Emily West）、瑪蕾・華勒斯伯格（Marei Wollersberger）、羅伯特・阮（Robert Yuen）。

我也很感激以下諸位對我提出的建言、回應和鼓勵：佩妮莉・嘉德・艾彼高（Pernille Garde Abildgaard）、勞倫斯・安波佛（Lawrence Ampofo）、霍普・巴斯丁（Hope Bastine）、伊莎貝爾・貝赫克（Isabel Behncke）、凱蒂・貝爾（Katie Bell）、詹姆士・波曼（James Berman）、莫妮卡・錢尼（Monika Cheney）、鄭希君（Heejung Chung，音譯）、麥克・亞倫・丹尼斯（Michael Aaron Dennis）、保羅・狄金森（Paul Dickinson）、馬艾可・戴克斯特拉（Maaike Dijkstra）、寶拉・甘哈歐（Paula Ganhão）、尼爾斯・吉爾曼（Nils Gilman）、亞歷山德拉・高斯登（Alexandra Goldstein）、琳達・葛萊頓（Lynda Gratton）、亞德里安・哈潑（Adrian Harper）、琳恩・傑弗瑞（Lyn Jeffery）、保羅・金（Paul Kim）、娜塔麗・柯根（Nataly Kogan）、克里斯多福・林德霍斯特（Christopher Lindholst）、哈米什・麥卡斯基爾（Hamish Macaskill）、葛洛麗亞・馬克（Gloria Mark）、傑克・穆爾赫德（Jack Muirhead）、羅伊・朴（Roy Pak，音譯）、馬克・萊斯－奧克斯利（Mark Rice-Oxley）、麗娜・魯貝爾曼（Lena Rübelmann）、班斯利・沙（Bansri

Shah）、達爾吉特・辛格（Daljit Singh）、湯瑪斯・索德威斯特（Thomas Söderqvist）、丹尼斯・史蒂文森勳爵（Lord Dennis Stevenson）、威爾・史壯（Will Stronge）、克萊夫・湯普森（Clive Thompson）、格雷・維拉赫斯（Greg Vlahos）、詹姆士・沃曼（James Wallman）、艾德・惠汀（Ed Whiting）、茱莉亞娜・沃夫斯伯格（Juliana Wölfsberger）。在日本，多虧有高內明（Akira Takauchi，音譯）與德重桃空（Momoku Tokushige，音譯）的鼎力協助與安排，讓我在當地的生活一切順利。而在韓國時，感謝有崔亨燮（Hyungsub Choi）當我的口譯人員與在地嚮導，還有安琪拉・金（Angela Kim）替我翻譯了一些文章。

一如往常，我非常感謝柔伊帕格納曼塔經紀公司（Zoë Pagnamenta Agency）的柔伊・帕格納曼塔（Zoë Pagnamenta）、艾莉森・路易斯（Alison Lewis）與傑西・霍爾（Jess Hoare）。感謝公共事務出版社（PublicAffairs）的科琳・拉里（Colleen Lawrie）與企鵝出版社（Penguin Business）的瑪蒂娜・歐蘇利文（Martina O'Sullivan）為整本書提供了寶貴的編輯意見。

最後誠摯感謝我的妻子希瑟（Heather）。感謝女兒伊莉莎白（Elizabeth）與兒子丹尼爾（Daniel），我希望將來你們能在一個視「週休三日」為常態的世界裡打拚、就業。

附錄　本書研究的公司

這份名單列出了本書研究與提及的公司。

打上星號（＊）的公司，代表試辦縮短工時之後，又恢復到正常工時。

除非另外說明，否則每週工作四日的公司每天上班時間是八小時（亦即一週工時三十二小時）。我也注意到，有些公司合併縮短工時與彈性上下班，或是結合週休三日與「自由星期五」，亦即辦公室在週五照樣開放，員工可自由選擇是否進辦公室做自己的專案或是學習專業技能。

名單也列出了多家實施週休三日的餐廳，每日工時可能要十二小時，遠超過八小時，但一週只要上班四天，仍是很大的一步，遠勝於一週上班五、六天。

公司名稱	國家	產業別	時間表
21212	英國	餐廳	週休三日
10 Minds Breo	南韓	O2O	一週三十五小時
Administrate	英國	軟體	週休三日
Advice Direct Scotland	英國	電話客服中心	週休三日
AE Harris	英國	製造業	週休三日 （一週三十六小時）
Agent Marketing*	英國	市場行銷	週休三日
Aizle	英國	餐廳	週休三日
Aloha Hospitality	美國	餐廳	週休三日
Aniar	愛爾蘭	餐廳	週休三日
AO Pasta	加拿大	餐廳	週休三日
APV*	香港	影視	週休三日
atrain	香港	諮詢顧問	週休三日
Attica	澳洲	餐廳	週休三日
Background	瑞典	軟體	一週三十小時
Barley Publishing House	南韓	出版社	週休三日
Bauman Lyons* （包曼萊恩斯建築師事務所）	英國	建築公司	週休三日
Baumé（波美）	美國	餐廳	週休三日
Bell Curve	美國	軟體	週休三日
Big Potato Games	英國	桌遊	週休三日
Bike Citizens	奧地利	雜誌	週休三日
Blue Street Capital（藍街資本）	美國	金融	一週二十五小時
Bråth AB	瑞典	軟體	一週三十小時
Century Office	英國	家具	一週三十二・五小時
CLiCKLAB	丹麥	數位行銷	週休三日

公司名稱	國家	產業別	時間表
Cockroach Labs（蟑螂實驗室）	美國	軟體	週休三日＋自由星期五
Collective Campus	澳洲	孵化器	一週三十小時
Collins SBA	澳洲	會計公司	一週三十五小時
Creative Mas	南韓	廣告公司	週休三日
Curveball Media	英國	動畫與電影	一週三十小時
Cybozu（才望子）	日本	軟體	週休三日＋彈性上下班
Devonshire Arms	英國	餐廳	週休三日
Devx	捷克	軟體	週休三日
Doctor Travel	南韓	O2O	週休三日
DVQ Studio *	美國	行銷	週休三日
Elektra Lighting	英國	設計	週休三日
Elisa	愛沙尼亞	電信	一週三十小時
ELSE	英國	設計	週休三日＋自由星期五
eMagnetix	奧地利	O2O	一週三十小時
Enesti（伊奈絲蒂）	南韓	彩妝	週休三日
Enoteca Sociale	加拿大	餐廳	週休三日
eSmiley	丹麥	食品安全	週休三日
Farnell Clarke（法內爾克拉克）	英國	會計	一週三十小時＋彈性上下班
Fhior	英國	餐廳	週休三日
Filimundus *	瑞典	軟體	一週三十小時
flocc	英國	行銷	一週三十小時
Geranium	丹麥	餐廳	週休三日
Gimm-Young Publishers	南韓	出版社	一週三十五小時
Goodall Group（古德集團）	英國	行銷	週休三日

公司名稱	國家	產業別	時間表
Graf Miville	瑞士	行銷	週休三日
Hugsmidjan	冰島	行銷	一週三十小時
Icelab	澳洲	軟體	週休三日＋彈性上下班
IIH Nordic	丹麥	軟體	週休三日
Indycube	英國	合作社	週休三日
Ingrid & Isabel *	美國	服飾	週休三日
Insured by Us	澳洲	保險科技	週休三日＋彈性上下班
Intrepid Camera	英國	製造	週休三日
J & CoCeu	南韓	彩妝	週休三日
Jinya（陣屋）	日本	旅館	週休三日
Kai Cafe	愛爾蘭	餐廳	週休三日
Kester Black	澳洲	指彩／彩妝	週休三日
Kin&Co	英國	廣告	一週三十五小時
Kunisaki Time（國東時間）	日本	製造	週休三日
Lara Intimates	英國	服飾	週休三日
Maaemo	挪威	餐廳	週休三日
Mahabis *	英國	服飾	週休三日
Marquette（馬奎特）	美國	長照中心	週休三日
Model Milk	加拿大	餐廳	週休三日
Monograph	美國	軟體	週休三日
MRL Consulting	英國	諮詢顧問	週休三日
n/naka	美國	餐廳	週休三日
Noma	丹麥	餐廳	週休三日
Normally	英國	創意	週休三日
ntegrity	澳洲	行銷	週休三日

公司名稱	國家	產業別	時間表
Ogada	南韓	餐廳	一週三十五小時
OX Restaurant	北愛爾蘭	餐廳	週休三日
Perpetual Guardian（永恆守護者）	紐西蘭	金融／法律服務	週休三日
Pigeonhole	加拿大	餐廳	週休三日
Planio	德國	軟體	週休三日
Pursuit Marketing	英國	電話客服與電銷	週休三日
Raby Hunt	英國	餐廳	週休三日
Radioactive PR	英國	行銷	週休三日
Reflect Digital	英國	行銷	週休三日
Relae	丹麥	餐廳	週休三日
Rheingans Digital Enabler（萊因根斯數位）	德國	軟體	一週二十五小時
Riordan	南韓	維他命	週休三日
Rockwood Leadership Institute（洛克伍德領導力研究院）	美國	非營利機構	週休三日
Sat Bains	英國	餐廳	週休三日
Satake Corporation	日本	製造	週休三日
Shake Shack	美國	餐廳	週休三日
Simply Business	英國	保險	週休三日
SkinOwl	美國	護膚	一週二十四小時
Sugar Helsinki	芬蘭	行銷	週休三日＋自由星期五
Suprema	南韓	電子	一週三十五小時
Svartedalens Nursing Home（斯華德戴倫長照中心）	瑞典	長照中心	週休三日
Synergy Vision	英國	醫療保健	週休三日

公司名稱	國家	產業別	時間表
Team Elysium	南韓	醫療科技	週休三日
The Glebe（格里布）	美國	長照中心	一週三十小時
The Mix	英國	創意	週休三日
Thoughtbot（思考機器人）	美國	軟體	週休三日＋自由星期五
Tourism Marketing Agency*	英國	行銷	一週三十小時
Tower Paddle Boards（高塔立槳衝浪板公司）	美國	O2O	一週二十五小時
Toyota Center Gothenburg（哥德堡豐田汽車維修中心）	瑞典	汽車	一週三十小時
Treehouse*	美國	軟體	週休三日
Type A Media	英國	行銷	週休三日
Unterweger	奧地利	彩妝	週休三日
Utah state government*（猶他州政府）	美國	政府	週休三日（四十小時）
VERSA	澳洲	行銷	週休三日
Wildbit	美國	軟體	週休三日＋彈性上下班
With Innovation	南韓	O2O	一週三十五小時
Woowa Brothers（優雅兄弟）	南韓	O2O	一週三十五小時
Work It Daily	美國	人力資源	一週三十五小時
Zipdoc	南韓	O2O	一週三十五小時
Zozo	日本	O2O	一週三十小時

參考書目

除了特別註明之外，本書所引述的各創辦人與員工的話，皆來自於我二〇一八和二〇一九年間對他們所進行的訪談。其餘引述、統計資料和背景題材之來源，詳列如下。

引言

高塔立槳衝浪板線上經銷商（Tower Paddle Boards）的創辦人史帝芬・阿斯托（Stephan Aarstol）在其著作中探討「每日工作五小時」這項新制對該公司的影響：*The Five-Hour Workday: Live Differently, Unlock Productivity, and Find Happiness* (Lioncrest, 2016)。

工作出了什麼問題：有關伯特蘭・羅素（Bertrand Russell）對未來工作時數的探討，請參閱其著作 “In Praise of Idleness,” *Harper's*, October 1932, https://harpers.org/archive/1932/10/in-praise-of-idleness。Michael Huberman 與 Chris Minns 的 “The Times They Are Not Changin': Days and Hours of Work in Old and New Worlds, 1870–2000,” *Explorations in Economic History* 44, no. 4 (October 2007): 538–567, https://personal.lse.ac.uk/minns/Huberman_Minns_EEH_2007.pdf 則預估了一八七〇年到一九五〇年的工作

時數。有關臨時工、零工與零工時合約的統計資料，取自美國勞工統計局、英國工會理事會（Trade Union Council）、日本 Lancers 以及韓國勞動與社會學院（Korea Labor and Society Institute ）。關於勞工個體和企業因「過勞」需付出的各式代價，請參閱 John Pencavel, "The Productivity of Working Hours," *Economic Journal* 125, no. 589 (December 2015): 2052–2076, https://doi .org/10.1111/ecoj.12166; Jeffrey Pfeffer, *Dying for a Paycheck: How Modern Management Harms Employee Health and Company Performance–and What We Can Do About It* (New York: Harper Business, 2018)。有關過勞問題的統計數據，取自 OECD Better Life Index, 2019, http://www.oecdbetterlifeindex.org/topics/work-life-balance/。欲知從事兼職的女性和壓力的關係，請參見 Tarani Chandola et al., "Are Flexible Work Arrangements Associated with Lower Levels of Chronic Stress–Related Biomarkers? A Study of 6025 Employees in the UK Household Longitudinal Study," *Sociology* 53, no. 4 (August 2019): 779–799, https://doi.org/10.1177/0038038519826014。有關母親的勞動力參與率，參見 "Labor Force Participation: What Has Happened Since the Peak?" *Monthly Labor Review* (September 2016), figure 8, www.bls.gov/opub/mlr/2016/article/pdf/labor-force-participation-what-has-happened-since-the-peak.pdf。

第 1 章　架構問題

南韓首爾素月路：「優雅兄弟」（Woowa Brothers）創辦人金逢進（Bong-Jin Kim）與記者 Sam Kim 的訪談，請見 "Coming Soon to Seoul: Robot-Delivered Jajangmyeon Noodles," *Bloomberg*, February 27, 2019, www.bloomberg .com/news/articles/2019-02-27/coming-soon-to-seoul-robot-delivered-jajangmyeon-noodles ；金逢進在以下文章中，談到自己身兼設計師與執行長的經驗：*Digital Insight Today*, www.ditoday.com/articles/articles_view.html?idno=14603，譯者 Angela Kim。

設計思考（Design Thinking）：欲知更多有關「設計思考」的概念，請參閱以下佳作：Tim

Brown, *Change by Design: How Design Thinking Transforms Organizations and Inspires Innovation* (New York: Harper Business, 2009)，以及 Michael Lewrick, Patrick Link, and Larry Leifer, *The Design Thinking Playbook: Mindful Digital Transformation of Teams, Products, Services, Businesses and Ecosystems* (New York: Wiley, 2018)。關於減少工作時數的案例，可參閱近期文獻：Rutger Bregman, *Utopia for Realists: How We Can Build the Ideal World* (New York: Little, Brown, 2017); Stan De Spiegelaere and Agnieszka Piasna, *The Why and How of Working Time Reduction* (European Trade Union Institute, 2017)；以及 Will Stronge and Aidan Harper, eds., *The Shorter Working Week: A Radical and Pragmatic Proposal* (Autonomy, 2019), http://autonomy.work/wp-content/uploads/2019/01/Shorter-working-week-final.pdf。

第二章　激發靈感

試圖縮短工時的公司：餐飲專業雜誌時常探討餐飲業所面臨的挑戰與辛酸；欲一探業內的困難與挑戰，凱特．金斯曼（Kat Kinsman）的網站「廚師問題面面觀」（Chefs with Issues, http://chefswithissues.com）是極好的入門。有關餐飲業的調查，請參閱 Katherine Miller, "It's Time to Speak Out on the Kitchen's Toll: Addressing Mental Health in the Restaurant Industry," James Beard Foundation website, June 20, 2018, www.jamesbeard.org/blog/its-time-to-speak-out-on-the-kitchens-toll。欲知更多關於廣告從業人員的工作壓力，請參閱 Shareen Pathak, "No Slack on Weekends: Agencies Look for Ways to Tackle Employee Burnout," *Digiday*, March 13, 2019, https://digiday.com/marketing/agencies-employee-burnout; Pippa Chambers and Mariam Cheik-Hussein, "Reduce Stigma and Provide Support; Adland's Mental Health Task," *AdNews*, April 9, 2019, www.adnews.com.au/news/reduce-stigma-and-provide-support-adland-s-mental-health-task; Rebecca Stewart, "Two-Thirds of Marketers Have Considered Leaving Industry Because of Poor

Workplace Wellbeing," *Drum*, February 20, 2018, www.thedrum.com/news/2018/02/20/two-thirds-marketers-have-considered-leaving-industry-because-poor-workplace。欲知科技業的壓力，請見Nate Swanner, "Depression Far Too Common Among Tech Pros: Survey," *Dice*, December 5, 2018, https://insights.dice.com/2018/12/05/depression-tech-pros-common-study, and Stack Overflow Developer Survey Results 2019, https://insights.stackoverflow.com/survey/2019/。

領導人：安娜・羅斯（Anna Ross）於二〇一六年所述之內容取自 Kate Stanton, "From Unhappy Employee to Successful Entrepreneur," *BBC News*, March 6, 2016。想瞭解更多關於萊恩・卡森（Ryan Carson）的事蹟，請參考 Richard Feloni, "This Tech CEO and His Employees Only Work 4 Days a Week," *Business Insider*, June 23, 2015; 以及卡森在 Adobe 的 99U 研討會（99U conference）發表的演講 "Begin With the End in Mind," May 5–6, 2016, https://99u.adobe.com/videos/53977/ryan-carson-begin-with-the-end-in-mind。日本才望子（Cybozu）的執行長青野慶久於 Nicole Jones, "What a Radical Japanese Tech Company Can Teach Us About Retaining Happy Employees," blog post on *Kintone* website, July 25, 2016, https://blog.kintone.com/business-with-heart/what-a-radical-japanese-tech-company-can-teach-us-about-keeping-employees-happy 聊到了自己的夢想與抱負。Masumi Koizumi, "Japanese Companies Warming Up—Slowly—to Four-Day Workweek," *Japan Times*, February 12, 2019, www.japantimes.co.jp/news/2019/02/12/reference/japanese-companies-warming-slowly-four-day-workweek/#.XXaVOZNKhEI 援引了日本厚生勞動省對「一週工作四天」措施所做的統計數據。欲知更多關於蓋洛普於二〇一七年針對員工接收、閱讀 email 狀況的調查，請參閱 Frank Newport, "Email Outside of Working Hours Not a Burden to U.S. Workers," *Gallup*, May 10, 2017, https://news.gallup.com/poll/210074/email-outside-working-hours-not-burden-workers.aspx。廚師艾斯本・霍姆波・邦於二〇一七年的 Food on the Edge 飲食論壇談到了廚師一職如何走得長久的

議題：https://youtu.be/m3jasqTAZcQ。威廉・貝克（William Becker）的話，引自 "Mere Expectation of Checking Work Email After Hours Harms Health of Workers and Families," *EurekAlert!/American Association for the Advancement of Science*, August 10, 2018, www.eurekalert.org/pub_releases/2018-08/vt-meo080618.php。

第3章　創意動腦

英國倫敦坦納街：關於本篇描述 The Mix 公司的部分，筆者取材自大大小小的訪問和網站搜尋，而塔絲・沃克（Tash Walker）和 The Mix 公司本身也曾在此談到「一週工作四天」的心得與感想：Walker, "4 Days a Week," LinkedIn, July 26, 2018, www.linkedin.com/pulse/4-days-week-tash-walker/, and their 2019 report, *Four: What Is It Good For?*, http://themixlondon.com/fourdayweek。

第一印象：關於劍橋大學的「工作劑量」（The Employment Dosage）研究計畫，以及針對工作時數與個人幸福感的研究，請參閱 Daiga Kamerāde et al., "A Shorter Working Week for Everyone: How Much Paid Work Is Needed for Mental Health and Well-Being?" *Social Science & Medicine*, June 18, 2019, https://doi.org/10.1016/j.socscimed.2019.06.006。班恩・修利（Ben Shewry）於二〇一八年的 MAD 論壇（MAD Symposium）上談到了關於 Attica 餐廳改為「週休三日」後的轉變："No More Cock-Rock," at the 2018 MAD Symposium: Food on the Edge, www.madfeed.co/video/no-more-cock-rock-ben-shewry。娜塔莎・吉列佐（Natasha Gillezeau）描述了千禧時代的「過勞世代」（"The Burnout Generation"）：*Australian Financial Review*, July 12, 2019, www.afr.com/work-and-careers/careers/the-price-of-burnout-culture-20190531-p51t68。文中關於 Kin&Co 對企業的調查，以及瓦倫（Warin）的評述，出自 Phillip Inman and Jasper Jolly, "Productivity Woes? Why Giving Staff an Extra Day Off Can Be the Answer," *Guardian*, November 17, 2018, www.theguardian.com/business/2018/nov/17/four-day-week-productivity-mcdonnell-labour-tuc, and https://

wednesdayoff-ternoon.com/the-research/。

選擇哪一天不用上班：有許許多多的文獻在探討睡眠不足對判斷力以及決策行為的影響，拙作 *Rest: Why You Get More Done When You Work Less*（《用心休息》(Basic, 2016), 280–282 對此議題略有概述。疲勞對警察執法有所影響，而關於威廉．狄孟特（William Dement）對此現象的看法，取自 Bryan Vila, *Tired Cops: The Importance of Managing Police Fatigue* (Washington, DC: Police Executive Research Forum, 2000), xiv。猶他州政府在實施「週休三日」後，頗收節能減碳之效，欲知詳情，請參閱 Jenny Brundin, "Utah Finds Surprising Benefits in Four-Day Workweek," *NPR Morning Edition*, April 10, 2009, www.npr.org/templates/story/story.php?storyId=102938615, and Alex Williams, "To Fight Climate Change, Institute Three-Day Weekends," *Quartz*, October 10, 2016, https://qz.com/770758/how-three-day-weekends-can-help-save-the-world-and-us-too。

公司簡介：哈里斯五金公司：Graeme Brown, "Post Columnist Russell Luckock Looks Back on 60 Years of the Newspaper," *Birmingham Post*, September 17, 2014, www.business-live.co.uk/news/local-news/post-columnist-russell-luckock-looks-7839675 與 Luckock, "Four-Day Week Has Triumphed," *Birmingham Post*, December 10, 2010, www.business-live.co.uk/business/russell-luckock-four-day-week-triumphed-3925111，收錄了羅素．盧科克（Russell Luckock）對哈里斯五金公司的描述。

自由星期五：欲瞭解軟體開發設計師的世界觀，請參閱 Clive Thompson 的 *Coders: The Making of a New Tribe and the Remaking of the World* (New York: Penguin, 2019), 與 Ellen Ullman, *Close to the Machine: Technophilia and Its Discontents* (New York: Picador, 2012)。

縮短工時 vs. 彈性工時：關於我對彈性工作制及該制面臨的挑戰的看法，多取材於社會學家鍾希君（Heejung Chung，音譯）的著作，特別是她的 "'Women's Work Penalty' in Access to Flexible Working

Arrangements Across Europe," *European Journal of Industrial Relations* 25, no. 1 (March 2019): 23–40, https://doi.org/10.1177/0959680117752829；同樣可參見"Gender, Flexibility Stigma, and the Perceived Negative Consequences of Flexible Working in the UK," *Social Indicators Research* (November 2018): 1–25, https://doi.org/10.1007/s11205-018-2036-7，以及 Chung and Yvonne Lott, "Gender Discrepancies in the Outcomes of Schedule Control on Overtime Hours and Income in Germany," *European Sociological Review* 32, no. 6 (December 2016): 752–765, https://doi.org/10.1093/esr/jcw032 與 Chung and Mariska van der Horst, "Women's Employment Patterns After Childbirth and the Perceived Access to and Use of Flexitime and Teleworking," *Human Relations* 71, no. 1 (January 2018): 47–72, https://doi.org/10.1177/0018726717713828。

度量（Metrics）與關鍵績效指標（Key Performance Indicators，簡稱KPI）：二〇一五年Woohoo舉辦一場探討職場幸福感的國際論壇（Woohoo's International Conference on Happiness at Work），馬丁．班克（Martin Banck）於演講中描述瑞典哥德堡（Gothenburg）的豐田汽車維修中心將工時改為「每週三十小時」後帶來的成效："Introducing a 30-Hour Work Week at Toyota Gothenburg," 可參閱網路 https://youtu.be/aJUEXPP0Hao；也可參閱 Liz Alderman, "In Sweden, an Experiment Turns Shorter Workdays into Bigger Gains," *New York Times*, May 20, 2016, www.nytimes.com/2016/05/21/business/international/in-sweden-an-experiment-turns-shorter-workdays-into-bigger-gains.html。

常見問題、可能的情況、應急計畫：想瞭解SK集團對「每週工作四日」所做的實驗，請參閱 Young-jin Oh, "4-Day Work Week in Korea: SK Starts with Hope, Doubt," *Korea Times*, May 21, 2019, www.koreatimes.co.kr/www/nation/2019/05/356_269248.html, and Jung Min-hee, "SK Group Introduces 4-day Workweek System," *Business Korea*, May 22, 2019, www.businesskorea.co.kr/news/articleView.html?idxno=32088。惠康基金會曾考慮是否將工作時數改為「每週工作四日」，但後來仍作罷。欲知詳情，

請參閱 Ed Whiting, "Investigating a Four Day Week—3 Things We Did, 3 Things We Learned," LinkedIn, April 25, 2019, www.linkedin.com/pulse/investigating-four-day-week-3-things-we-did-learned-ed-whiting。

第 4 章　打造原型

重新設計工作日：想瞭解更多關於一九六〇年代曾為了縮短「每週工作天數與時數」所做的各式努力，請參閱 "Four-Day Week," CQ *Researcher*, August 11, 1971, https://library.cqpress.com/cqresearcher/document.php?id=cqresrre1971081100; Janice Neipert Hedges, "A Look at the Four-Day Workweek," *Monthly Labor Review* 94, no. 10 (October 1971): 33–37。想更瞭解散步會議，可參閱 Pang, *Rest*, 94–97, 275–276。關於 Zozo 公司的開會事宜，參閱 "Doubt the Obvious: Aiming to Introduce the Six-Hour Workday," Toyo Keizai, n.d., https://toyokeizai.net/articles/-/18028（筆者委請 Alexander Steullet 翻譯該篇文章，以供閱讀）。關於 Roombot 應用程式，參見影片 "O3 Roombot: Keeping Meetings on Schedule"，影片網址如下：https://youtu.be/CdgjBYYKHRI。

整理工作日零碎的時間：想瞭解更多關於 flocc 公司所採取的措施，請參閱艾蜜莉・衛斯特於 SyncNorwich 的演說："Lagom—Just the Right Amount (Of Work!)," at https://youtu.be/HY7gLFCzK3o。拙作《用心休息》（53-92；中文版 59-97）描述了人的生理時鐘與專注力的關係，並探討到那些成就一番偉業、擁有滿滿創意之泉的人物是如何調整出適合自己的工作時數安排。"Woowa Brothers: Elegant Goddesses," *Women Economy*, December 31, 2017, www.womaneconomy.kr/news/articleView.html?idxno=56240（該篇文章由 Angela Kim 為作者翻譯）引述了安延柱（Yeon-ju Ahn，音譯）的言論。開放式辦公室讓員工的一言一行都暴露在眾目睽睽之下，更易招來同僚間的指指點點，詳情可參閱 Art Markman, "Your Open Office Is Causing Your Coworkers to Judge You More Harshly," *Fast Company*, January 24, 2019, www.

fastcompany.com/90295000/your-open-office-is-causing-your-coworkers-to-judge-you-more-harshly。想瞭解大馬鈴薯公司的工作進度計畫，參閱 Hazel Sheffield, "Why Four-Day Working Weeks May Not Be the Utopia They Seem," *Wired*, September 16, 2019, www.wired.co.uk/article/four-day-work-week-analysis。

重新設計科技小幫手：想瞭解 email 與分心，可參閱 Gloria J. Mark et al., "'A Pace Not Dictated by Electrons': An Empirical Study of Work Without Email" in *Proceedings of the SIGCHI Conference on Human Factors in Computing Systems* (New York: ACM, 2012)。

公司簡介：法內爾克拉克與雲端會計：威爾・法內爾（Will Farnell）於二〇一七年五月二十七日的訪談中談到法內爾克拉克公司所做的改變："Will Farnell from Farnell Clarke Accountants Talks About Company Culture," 網址為 https://youtu.be/m72uVR4ZDqc。想瞭解蓋洛普於二〇一八年針對職場友誼所做的的調查報告，可參閱 Annamarie Mann, "Why We Need Best Friends at Work," Gallup, January 15, 2018, www.gallup.com/workplace/236213/why-need-best-friends-work.aspx。

重新設計人與人互動：雷奈・瑞哲彼（René Redzepi）於 "Culture of the Kitchen," MADfeed, August 19, 2015, www.madfeed.co/2015/culture-of-the-kitchen-rene-redzepi/ 談到餐廳員工一同用餐一事。想瞭解職場對午餐用餐的態度，可參閱以下文獻提到的調查：Joanna Hein and Weber Shandwick, "Tork Survey Reveals Lunch Break Impact on Workplace Engagement," Tork, May 16, 2018, www.torkusa.com/about/pressroom/tbtlb。想瞭解同事一同用餐與消防隊士氣的關係，參閱 Kevin M. Kniffin et al., "Eating Together at the Firehouse: How Workplace Commensality Relates to the Performance of Firefighters," *Human Performance* 28, no. 4 (2015): 281–306, https://doi.org/10.1080/08959285.2015.1021049。

讓員工主導：想瞭解 IKEA 效應（IKEA effect）與提升個人自主權能促進心理滿足感，可參閱以下文獻：Michael I. Norton et al., "The IKEA Effect: When Labor Leads to Love," *Journal of Consumer Psychology*

22, no. 3 (July 2012): 453–460, https://doi.org/10.1016/j.jcps.2011.08.002，以及 Farah Mohammed, "Why We Pay to Do Stuff Ourselves," *JSTOR Daily*, August 16, 2019, https://daily.jstor.org/why-we-pay-to-do-stuff-ourselves 與 Craig Knight and S. Alexander Haslam, "The Relative Merits of Lean, Enriched, and Empowered Offices: An Experimental Examination of the Impact of Workspace Management Strategies on Well-Being and Productivity," *Journal of Experimental Psychology: Applied* 16, no. 2 (June 2010): 158–172, http://dx.doi.org/10.1037/a0019292; 與 John J. Zentner, *The Art of Wing Leadership and Aircrew Morale in Combat*, CADRE Paper 11 (Maxwell Air Force Base, AL: Air University Press, 2001), https://media.defense.gov/2017/Nov/21/2001847044/-1/-1/0/CP_0011_ZENTNER_ART_OF_WING_LEADERSHIP.PDF。

第 5 章　不斷測試

客戶的反應：包曼・萊恩斯建築師事務所（Bauman Lyons）探討了「週休三日」的經驗：https://baumanlyons architects.wordpress.com。

週休三日提升工作表現：廚師艾斯本・霍姆波・邦於二〇一七年的 Food on the Edge 飲食論壇談到了這個議題，請參見 https://youtu.be/m3jasqTAZcQ。

公司簡介：格里布（Glebe）：利用每週工時三十小時降低護理師流動率，改善照護品質：Tim Regan, "CCRC to Pay Full-Time for 30 Hours of Work for CNAs," *Senior Housing News*, March 30, 2018, https://seniorhousingnews.com/2018/03/30/ccrc-pay-full-time-30-hours-work-cnas 引述了 Ellen D'Ardenne 的言論；也可參見 James M. Berklan, "Aid for Aides: 40 Hours' Pay for 30 Hours' Work," *McKnight's Long-Term Care News*, April 5, 2018, www.mcknights.com/daily-editors-notes/aid-for-aides-40-hours-pay-for-30-hours-work; Lois A. Bowers, "CCRC Tests 8-Hour Pay for 6-Hour Day," *McKnight's Senior Living*, April 3, 2018, www.mcknights

seniorliving.com/home/news/ccrc-tests-8-hour-pay-for-6-hour-day. Maddy Savage, "What Really Happened When Swedes Tried Six-Hour Days?" BBC News, February 8, 2017, www.bbc.com/news/business-38843341 引述了 Emilie Telander 的言論。想瞭解更多關於律師事務所、彈性工作制與留人的訊息，請參閱 Cynthia Thomas Calvert et al., *Reduced Hours, Full Success: Part-Time Partners in U.S. Law Firms* (The Project for Attorney Retention, 2009)，以及 Ivana Djak, "The Case for Not 'Accommodating' Women at Large Law Firms: De-Stigmatizing Flexible Work Programs," *Georgetown Journal of Legal Ethics* 28 (2015): 521–546。

女性與彈性上下班：關於彈性工作制與「暫離職場」帶來的挑戰，以及兩者造成的收入減少議題，"Two Thirds of Female Professionals Are Estimated to be Working Below Their Potential When They Return to Work from Career Breaks," PwC press release, November 14, 2016, pwc.blogs.com/press_room/2016/11/two-thirds-of-female-professionals-are-estimated-to-be-working-below-their-potential-when-they-retur.html 引用了 Timewise 的調查報告；"I Felt Like My Career Break Wiped Clean All of My Previous Achievements," Vodafone, March 8, 2018, www.vodafone.com/content/index/what/connected-she-can/i-felt-like-my-career-break-wiped-clean-all-of-my-previous-achievements.html 概述了二〇一七年的 KPMG 調查報告。想瞭解英國的職場女性議題，可參閱 Yong Jing Teow and Priya Ravidran, *Women Returners: The £1 Billion Career Break Penalty for Professional Women* (PwC, November 2016), www.pwc.co.uk/economic-services/women-returners/pwc-research-women-returners-nov-2016.pdf。隨著時間推移，薪資逐漸出現差距，相關議題，請參見 Marianne Bertrand et al., "Dynamics of the Gender Gap for Young Professionals in the Financial and Corporate Sectors," *American Economic Journal: Applied Economics* 2, no. 3 (July 2010): 228–255, www.aea-web.org/articles?id=10.1257/app.2.3.228; Henrik Kleven et al., "Children and Gender Inequality: Evidence from Denmark," *NBER Working Paper Series* 24219 (National Bureau of Economics, January 2018), www.nber.org/

papers/w24219. Valérie Gauriat, "Sweden: Shorter Workdays, Happier and More Productive Staff?" *Euronews*, June 10, 2016, www.euronews.com/2016/10/06/sweden-shorter-workdays-happier-and-more-productive-staff 引述了阿圖羅・貝雷茲（Arturo Perez）的言論。

週休三日有助於激發創意：想瞭解瑞瑟設計公司（Reusser Design）的週休三日情況，請參見Andy Welfle, "Why We Switched to a Four-Day Work Week," Reusser Design, February 25, 2013, https://reusserdesign.com/resources/articles/why-we-switched-to-a-4-day-work-week; Jeanne Sahadi, "The Four-Day Workweek Is Real . . . for Employees at These Companies," CNN Money, April 27, 2015, https://money.cnn.com/2015/04/27/pf/4-day-work-week/。克里斯蒂安・雷奈拉（Cristian Rennella）描述了自己的經驗：Rennella, "Why Our Startup Has No Bosses, No Office, and a Four-Day Work Week," *Quartz*, September 6, 2014, https://qz.com/260846/why-our-startup-has-no-bosses-no-office-and-a-four-day-work-week. David Crouch, "Efficiency Up, Turnover Down: Sweden Experiments with Six-Hour Working Day," *Guardian*, September 17, 2015, www.theguardian.com/world/2015/sep/17/efficiency-up-turnover-down-sweden-experiments-with-six-hour-working-day 引述了瑪麗亞・布拉斯（Maria Bråth）的言論。Patrick Coffee, "W+K London Experiments with Forcing Employees Not to Overexert Themselves," *Adweek*, March 25, 2016, www.adweek.com/agencyspy/wk-london-experiments-with-forcing-employees-not-to-overexert-themselves/104813, 與Tate, "Working Differently at W+K London," *Medium*, March 15, 2016, https://medium.com/@iaintait/thoughts-about-working-differently-at-w-k-london-802b09763ec5 皆引述了伊安・泰特（Iain Tate）的言論。想瞭解放鬆、預設模式網路（default mode network）與創造力，請參閱拙作 *Rest*（《用心休息》）, 33-50（中文版，39-56）。

週休三日提升生活幸福指數與工作滿意度：想瞭解經典的霍桑效應（Hawthorne Effect），可參見Richard Gillespie, *Manufacturing Knowledge: A History of the Hawthorne Experiments* (Cambridge, UK: Cambridge

University Press, 1991)。瑞典針對減少工作時數與幸福感的相關研究，請參閱 Helena Schiller et al., "Total Workload and Recovery in Relation to Worktime Reduction: A Randomised Controlled Intervention Study with Time-Use Data," *Occupational and Environmental Medicine* 75 (2018): 218–226, https://oem.bmj.com/content/75/3/218。

週休三日催生出更優秀的領導人：想瞭解亨利克・史坦曼（Henrik Stenmann），教練式指導與提供員工進化的辦公環境，可參見 Mathilde Fischer Thomsen, "Virksomhed har 4-dages Arbejdsuge: 'Vi Passer på Vores Medarbejdere,'" TV 2 Lorry, February 10, 2017, www.tv2lorry.dk/artikel/virksomhed-har-firdages-arbejdsuge-vi-passer-paa-vores-medarbejdere; "Her er Hemmeligheden Bag en 4-dages Arbejdsuge," StepStone, February 21, 2017, www.stepstone.dk/virksomhed/videncenter/hr-og-rekruttering/her-er-hemmeligheden-bag-en-4-dages-arbejdsuge?lang=en。想瞭解科技業員工對領導主管的不滿，參閱 "Tech Workers Say Poor Leadership Is Number One Cause for Burnout," Ladders, October 30, 2018, www.theladders.com/career-advice/tech-workers-say-poor-leadership-is-number-one-cause-for-burnout；關於企業家和應對策略，參見 M. A. Uy et al., "Joint Effects of Prior Start-Up Experience and Coping Strategies on Entrepreneurs' Psychological Well-Being," *Journal of Business Venturing* 28 (2013): 583–597, www.mawder.com/wp-content/uploads/2017/08/2013JBV.pdf。

第6章　分享出去

日本秦野市鶴卷北：Kazuyo Nakamura, "The Kindest Cut: Inn Reduces Work Hours—Yet Staff Pay Rises 40%," *Straits Times*, June 16, 2018, www.straitstimes.com/asia/east-asia/the-kindest-cut-inn-reduces-work-hours-yet-staff-pay-rises-40 引述了宮崎知子（Tomoko Miyazaki）的言論。其他針對陣屋旅館所做的相關

英語報導與文章，可參閱 Daisuke Yamazaki, “Engineer Saves Ryokan and Totoro Tree,” *Tokyo Business Daily*, February 3, 2015, https://toyokeizai.net/articles/-/58648; Michio Watanabe, “Time-Honored Japanese Inn Rebuilds Business Using Modern Technology,” *Kyodo News*, December 9, 2017, https://english.kyodonews.net/news/2017/12/54607a19c365-feature-time-honored-japanese-inn-rebuilds-business-using-modern-technology.html; Kazuyo Nakamura, “IT, Four-Day Work Week Help Inn Cut Waste and Double Sales,” *Asahi Shimbun*, February 2, 2018, www.asahi.com/ajw/articles/AJ201802020011.html。

建立工作新典範：想瞭解維多利亞時代的鐵路與現代建築，請參閱 Wolfgang Schivelbusch, *The Railway Journey: The Industrialization of Time and Space in the Nineteenth Century* (Oakland: University of California Press, 1986); Michael Freeman, *Railways and the Victorian Imagination* (New Haven, CT: Yale University Press, 1999); Reyner Banham, *Theory and Design in the First Machine Age* (Cambridge, MA: MIT Press, 1980); William Curtis, *Modern Architecture Since 1900* (London: Phaidon, 1982). Peter Galison in “Einstein’s Clocks: The Place of Time,” *Critical Inquiry* 26, no. 2 (Winter 2000): 355–389, www.jstor.org/stable/1344127，以及 Galison, *Einstein’s Clocks and Poincaré’s Maps: Empires of Time* (New York: Norton, 2004) 描述了鐵路時鐘系統是如何影響愛因斯坦的思維與想法。

健康與快樂：想瞭解專注力與員工快樂度，可參閱 Ronald J. Burke et al., “Work Hours, Work Intensity, Satisfactions and Psychological Well-Being Among Turkish Manufacturing Managers,” *Europe’s Journal of Psychology* 5, no. 2 (2009): 12–30, https://ejop.psychopen.eu/index.php/ejop/article/view/264; Burke et al., “Work Motivations, Satisfaction and Well-Being Among Hotel Managers in China: Passion Versus Addiction,” *Interdisciplinary Journal of Research in Business* 1, no. 1 (January 2011): 21–34, http://citeseerx.ist.psu.edu/viewdoc/download?doi=10.1.1.472.6646&rep=rep1&type =pdf; and Parbudyal Sin et al., “Recovery After Work

Experiences, Employee Well-Being and Intent to Quit," *Personnel Review* 45, no. 2 (March 2016): 232–254, https://doi.org/10.1108/PR-07-2014-0154. Jarrod Haar, *Overview of the Perpetual Guardian 4-day (Paid 5) Work Trial* (unpublished ms., June 6, 2018), https://static1.squarespace.com/static/5a93121d3917ee828d5f282b/t/5b4e4237352f53b0cc369c8b/1531855416866/Final+Perpetual+Guardian+report_Professor+Jarrod+Haar_July+2018.pdf 研究了金融信託公司 Perpetual Guardian 的週休三日試驗。關於創辦人與心理健康，可詳閱 Michael Freeman et al., "The Prevalence and Co-occurrence of Psychiatric Conditions Among Entrepreneurs and Their Families," *Small Business Economics* (May 2018): 1–20, www.researchgate.net/publication/325089478_The_prevalence_and_co-occurrence_of_psychiatric_conditions_among_entrepreneurs_and_their_families; Marcel Muenster and Hokemeyer, "There Is a Mental Health Crisis in Entrepreneurship. Here's How to Tackle It," World Economic Forum, March 22, 2019, www.weforum.org/agenda/2019/03/how-to-tackle-the-mental-health-crisis-in-entrepreneurship; Kristina Gunnarsson and Malin Josephson, "Entrepreneurs' Self-Reported Health, Social Life, and Strategies for Maintaining Good Health," *Journal of Occupational Health* 53, no. 3 (March 2011): 205–213, www.researchgate.net/publication/50596291_Entrepreneurs'_Self-reported_Health_Social_Life_and_Strategies_for_Maintaining_Good_Health 引述了保羅・霍克邁爾（Paul Hokemeyer）的言論。

高齡化社會與勞動力：我取材自 Theodore Roszak, *Longevity Revolution: As Boomers Become Elders* (Berkeley Hills Books, 2001) 與 Lynda Gratton and Andrew Scott, *The 100-Year Life: Living and Working in an Age of Longevity* (London: Bloomsbury Business, 2017)。帕布羅・卡薩爾斯（Pablo Casals）於 Casals and Alfred E. Kahn, *Joys and Sorrows: Reflections* (New York: Simon and Schuster, 1970) 探討了老化與工作的議題。想瞭解關於老化、認知與工作議題，可參閱 Shinya Kajitani et al., "Use It Too Much and Lose It? The Effect of Working Hours on Cognitive Ability," Melbourne Institute Working Paper No. 7/16 (2016), https://

melbourneinstitute.unimelb.edu.au/publications/working-papers/search/result?paper=2156560; Corinne Purtill, “A Stanford Researcher Says We Shouldn’t Start Working Full Time Until Age 40,” *Quartz at Work*, June 27, 2018, https://qz.com/work/1314988/stanford-psychologist-laura-carstensen-says-careers-should-be-mapped-for-longer-lifespans/。關於工作塑造（job crafting），參閱 Dorien Kooij et al., “Successful Aging at Work: The Role of Job Crafting,” in *Aging Workers and the Employee-Employer Relationship* (New York: Springer, 2015), 145–161, www.researchgate.net/publication/283807994_Successful_Aging_at_Work_The_Role_of_Job_Crafting; K. A. S. Wickrama et al., “Is Working Later in Life Good or Bad for Health? An Investigation of Multiple Health Outcomes,” *Journals of Gerontology, Series B: Psychological Sciences and Social Sciences* 68, no. 5 (September 2013): 807–815, https://doi.org/10.1093/geronb/gbt069.

通勤時間：請參閱以下文獻：Gabriela Saldivia, “Stuck in Traffic? You’re Not Alone. New Data Show American Commute Times Are Longer,” *Here and Now*, September 20, 2018, www.npr.org/2018/09/20/650061560/stuck-in-traffic-youre-not-alone-new-data-show-american-commute-times-are-longer; Helen Flores, “Government Urged to Try 4-Day Work Week Amid Traffic,” *Philippine Star*, August 20, 2018, www.philstar.com/headlines/2018/08/20/1844163/government-urged-try-4-day-work-week-amid-traffic; “4-Day Workweek Possible in BPO, Say Stakeholders,” *Business Mirror*, September 25, 2018, https:// businessmirror.com.ph/2018/09/25/4-day-workweek-possible-in-bpo-say-stakeholders/。

環境影響：請參閱以下文獻：Juliet Schor, “Sustainable Consumption and Worktime Reduction,” Working Paper No. 0406, Johannes Kepler University of Linz, Department of Economics (2004), www.econstor.eu/bitstream/10419/73279/1/wp0406.pdf; Anders Hayden and John M. Shandra, “Hours of Work and the Ecological Footprint of Nations: An Exploratory Analysis,” *Local Environment* 14, no. 6 (2009): 575–600, https://doi.org/10.1080/13549830902904185; François-Xavier Devetter and Sandrine Rousseau, "Working Hours and Sustainable Development," *Review of Social Economy* 69, no. 3 (2011): 333– 355, https://doi.org/10.1080/00346764.2011.563507; Carlo Aall et al., "Leisure and Sustainable Development in Norway: Part of the Solution and the Problem," *Leisure Studies* 30, no. 4 (2011): 453–476, https://doi.org/10.1080/02614367.2011.589863; Kyle W. Knight et al., "Could Working Less Reduce Pressures on the Environment? A Cross-National Panel Analysis of OECD Countries, 1970–2007," *Global Environmental Change* 23, no. 4 (August 2013): 691–700, https://doi.org/10.1016/j.gloenvcha.2013.02.017; Martin Pullinger, "Working Time Reduction Policy in a Sustainable Economy: Criteria and Options for Its Design," *Ecological Economics* 103 (July 2014): 11–19, https://doi.org/10.1016/j.ecolecon.2014.04.009; David Frayne, "Stepping Outside the Circle: The Ecological Promise of Shorter Working Hours," *Green Letters: Studies in Ecocriticism* 20, no. 2 (2016): 197–212, https://doi.org/10.1080/14688417.2016.1160793; Giorgos Kallis et al., "'Friday Off': Reducing Working Hours in Europe," *Sustainability* 5, no. 4 (April 2013): 1545–1567, www.researchgate.net/publication/273220828_Friday_off_Reducing_Working_Hours_in_Europe; Qinglong Shao, "Effect of Working Time on Environmental Pressures: Empirical Evidence from EU-15, 1970–2010," *Chinese Journal of Population Resources and Environment* 13, no. 3 (2015): 231– 239, https://doi.org/10.1080/10042857.2015.1033803; Lewis C. King and Jeroen C. J. M. van den Bergh, "Worktime Reduction as a Solution to Climate Change: Five Scenarios Compared for the UK," *Ecological Economics* 132 (February 2017): 124–134, https://doi.org/10.1016/j.ecolecon.2016.10.011。

區域發展：“FLATS by Kunisakitime," Alexicious, www.alexcious.com/brands/detail101.html 引述了松岡勇樹的言論，也請參閱 "Flexible Work Hours Can Be an Aid to Motivation," *Gulf News*, January 23, 2015, https://gulfnews.com/how-to/employment/flexible-work-hours-can-be-an-aid-to-motivation-1.1445238。

技術創新：有大量的文獻探討了自動化在放射線學與外科的應用；欲瞭解近期評論，可參閱 Ahmed Hosny et al., "Artificial Intelligence in Radiology," *Nature Reviews Cancer* 18 (August 2018): 500–510, www.ncbi.nlm.nih.gov/pmc/articles/PMC6268174; Brian S. Peters et al., "Review of Emerging Surgical Robotic Technology," *Surgical Endoscopy* 32, no. 4 (2018): 1636–1655, https://doi.org/10.1007/s00464-018-6079-2。專文研究自動化、機器人學與未來的工作樣貌議題的文獻也非常多；欲瞭解這類議題，Erik Brynjolfsson and Andrew McAfee, *The Second Machine Age: Work, Progress, and Prosperity in a Time of Brilliant Technologies* (New York: Norton, 2014) 與 Martin Ford, *Rise of the Robots: Technology and the Threat of a Jobless Future* (New York: Basic Books, 2015) 為淺顯易懂的入門書籍。

愈來愈多組織響應週休三日措施："Alabama's Aloha Hospitality Launches 4-Day Workweek," *AL.com*, March 28, 2019, www.al.com/press-releases/2018/10/alabamas_aloha_hospitality_lau.html 引述了鮑伯・鮑姆豪爾的言論。關於工會與對「每週工作四日」的呼籲，參閱 Guy Chazan, "Germany's Union Wins Right to 28-Hour Working Week and 4.3% Pay Rise," *Financial Times*, February 6, 2018, www.ft.com/content/e7f0490e-0b1c-11e8-8eb7-42f857ea9f09; Benjamin Kentish, "Give Workers Four-Day Week and More Pay, Unions Urge Businesses," *Independent*, September 9, 2018, www.independent.co.uk/news/uk/politics/four-day-week-uk-technology-tuc-frances-ogrady-amazon-a8530386.html; Rebecca Wearn, "Unions Call for Four-Day Working Week," BBC News, September 10, 2018, www.bbc.com/news/business-45463868; Sonia Sodha, "How to Make a Four-Day Week Reality," *Guardian*, October 26, 2018, www.theguardian.com/commentisfree/2018/oct/16/four-day-week-parents。關於中國呼籲「每週工作四日」的相關議題，可參見以下文獻：Weida Li, "Four-Day Week Proposed in China as Free Time Decreases," *GB Times*, July 16, 2018, https://gbtimes.com/average-leisure-time-for-chinese-people-decreased-in-2017; Cheng Si, "Study: Leisure Life Adds to Happiness,"

China Daily, July 16, 2018, www.chinadaily.com.cn/a/201807/16/WS5b4bf247a310796df4df68f7.html; Cao Zinan, "Four-Day Workweek by 2030 Called for in China," *China Daily*, July 16, 2018, www.chinadaily.com.cn/a/201807/16/WS5b4c7373a310796df4df6b95.html; Richard Macauley, "China Wants a 4.5-Day Work Week—To Boost Its Economy," *Quartz*, December 8, 2015, https://qz.com/568349/china-wants-a-4-5-day-work-week-to-boost-its-economy; "Is the Four-Day Work-week Proposal Feasible? The Proposal of a Four-Day Weekday Stirs Up a Lot of Debate," *Beijing Review*, August 2, 2018, www.bjreview.com/Lifestyle/201807/t20180730_800136855.html; Alex Soojung-Kim Pang, "Why Companies Should Say Goodbye to the 996 Work Culture, and Hello to 4-Day Weeks," *South China Morning Post*, April 20, 2019, www.scmp.com/comment/insight-opinion/article/3006873/why-companies-should-say-goodbye-996-work-culture-and-hello。Kura Antonello, "Anna Ross: Founder & Director, Kester Black," The Cool Career，引述了安娜・羅斯的話，網址為 www.thecoolcareer.com/anna-ross。

國家圖書館出版品預行編目資料

如何縮時工作：一週上班四天，或者一天上班六小時，用更少的時間，做更多的工作，而且做得更好／方洙正（Alex Soojung-Kim Pang）著；鍾玉玨譯. -- 初版. -- 臺北市：大塊文化出版股份有限公司, 2021.02

316面；14.8 × 20公分. --（smile ; 171）

譯自：Shorter : work better,smarter,and less—here's how.

ISBN 978-986-5549-39-8（平裝）

1.時間管理　2.工作效率　3.職場成功法

494.01　　109021213

LOCUS

LOCUS